决定你成功的不是情商，是逆商

哈叔 著

天地出版社 | TIANDI PRESS

图书在版编目（CIP）数据

决定你成功的不是情商，是逆商 / 哈叔著. —成都：天地出版社, 2018.9（2018年重印）
ISBN 978-7-5455-4065-9

Ⅰ.①决… Ⅱ.①哈… Ⅲ.①成功心理—通俗读物
Ⅳ.①B848.4-49

中国版本图书馆CIP数据核字（2018）第155988号

决定你成功的不是情商，是逆商

JUEDING NI CHENGGONG DE BU SHI QINGSHANG, SHI NISHANG

出品人　杨　政
著　者　哈　叔
责任编辑　张秋红　孟令爽
封面设计　末末美书
内文排版　徐晓倩
责任印制　葛红梅

出版发行　天地出版社
（成都市槐树街2号 邮政编码：610014）
网　址　http://www.tiandiph.com
http://www.天地出版社.com
电子邮箱　tiandicbs@vip.163.com
经　销　新华文轩出版传媒股份有限公司

印　刷　北京富泰印刷有限责任公司
版　次　2018年9月第1版
印　次　2018年11月第2次印刷
成品尺寸　145mm×210mm　1/32
印　张　8.5
字　数　168千
定　价　39.80元
书　号　ISBN 978-7-5455-4065-9

咨询电话：（028）87734639（总编室）
购书热线：（010）67693207（市场部）

Adversity Quotient
序 言

什么是逆商

我原本打算写一本关于情商的书。这些年，由于工作的原因，我接触了很多人，也听过很多故事，发现情商的高低对一个人的影响很大，不管是工作还是生活，都是如此。

如果不是听到了邻居陈叔的事，我可能没有深刻意识到逆商相比于情商，对一个人的影响更大。

2017 年的 5 月份，我回了趟老家，听母亲说起了邻居陈叔。陈叔在 2017 年的初春，拿出家里的所有积蓄开了一家餐馆。刚开始，餐馆有不少人光顾。可好景不长，因为选址不佳，加上管理模式不当，不到三个月的时间，他不但赔光了所有的积蓄，还欠下了几十万元的外债。

可是就在我回家的前一个月，陈叔竟因扛不住压力而自杀了。陈婶和两个女儿哭得死去活来，这对于一个家庭来说，就意味着天塌了。

印象中的陈叔，做木匠的活，性格很温和，从来不对人红脸。我小时候喜欢去他家里找些废弃的棍棒出来舞弄着玩，他还亲手给我做了一个玩具——陀螺。一晃眼，我长大了，他却离世了。虽然自从我在外求学后便很少再见到他，但我们毕竟相处了很多年，所以当听到他去世的消息时，我难免有些震惊和难过。

不过，仔细想想，成人的世界哪有容易二字？生活残酷，每个人都有自己的难处，但谁不是在努力地活着？一个人如果缺乏逆商，还谈什么人生？

逆商是最近几年引进来的一个词，它的原称是“Adversity Quotient”，简称 AQ，国内一般译为挫折商或逆境商。它是指人们面对逆境时的反应方式，即面对挫折、摆脱困境和超越困难的能力。

不可否认，情商可以让一个人到达某个高度，但世事难料，人生起伏不定，没有谁可以永远待在高处。真正可以让一个人走得更远、站得更高的是逆商，是面对逆境时所表现出来的反弹力、抗压能力。

巴顿将军说："衡量一个人的成功标志，不是看他登到顶峰的高度，而是看他跌到谷底的反弹力。"

没有强大的逆商，马云不会在多次创业失败后，还有勇气继续去做阿里巴巴；没有强大的逆商，史玉柱不会在欠下上亿的巨债后，还有力量重回巨人的行列；没有强大的逆商，这世界就少了很多奇迹和伟大。

最近这几年，时常会有因不堪压力而选择轻生的新闻见诸报端。年轻人受网络诈骗之后，选择轻生；职场中年人被辞退，选择轻生；创业者因不堪压力而抑郁，甚至选择自杀……

在困难和挫折面前，很多人的意志力犹如玻璃般易碎，一个风浪打过来就惊慌失措，感觉人生要完蛋了。

没有强大的逆商作为支撑，人生会如烟火般稍纵即逝。所以，我想给读者带来一本在迷茫的日子里，在彷徨焦虑的夜晚，在困难和挫折袭来的时候，可以坐下来看上几页的书。希望你可以从中汲取力量，自信而勇敢地走下去，以优雅的姿态去拥抱每一个明天。

这是一个不仅拼智商和情商的时代，更是一个拼逆商的时期。逆商高的人，人生将会走得更远，离成功的距离更近。

逆商测试

读这本书之前，先来测试下自己的逆商！（这并不是考试，所以你大可根据自己的真实情况回答）

	是	否
1. 在面试的表现要比自己在家模拟的时候紧张得多?		
2. 考虑大家要相安共处，你有时不能坚定自己的立场或意见?		
3. 每当你与朋友发生分歧时，你都很难找到问题所在?		
4. 即使知道自己应该每天按时锻炼，你也无法做到?		
5. 如果你的个人生活和工作状态出现失衡，你很难改善这种情况?		
6. 你不小心删除了一份十分重要的邮件，会因此很焦虑?		
7. 你刚刚完成的一项任务却受到了领导批评，心情会异常低落?		

8. 如果对你很重要的网站连续关闭一周或很长时间无法登录，你会受到很大的影响？		
9. 赶赴一场重要的约会时，却在路上总遇到红灯，此时你会忍不住想闯红灯？		
10. 你正在一个重要会议上，突然客户通知你有一封很紧急的邮件要处理，你会离开会议室去处理邮件？		
11. 你和同事合作的项目出现问题，同事将所有责任推到你身上，告知所有人，你第一时间是去找上司解释？		
12. 你的钱似乎永远不够花，这对你的影响很大？		
13. 在混乱嘈杂的环境里，你很难集中精力高效地工作？		
14. 很多事情，你愿意一个人做而不愿跟别人合作？		
15. 你正陷入信任危机，却不知道怎么改变现状？		
16. 每到一个新的地方，你都会患些小毛病，比如失眠等？		

17. 上班第一天对公司同事还不熟悉，你将邮件发给了错误的部门，你会立刻直接给正确的部门重新发一次邮件？		
18. 你无意间发现自己的劳动成果变成了别人的功劳，你会及时找上司解释？		
19. 你对心仪的人表白遭到拒绝，你会觉得是自己做得不够好？		
20. 工作问题上，领导明显错了，却强制你执行，你会按自己的想法处理？		

提醒：测试只起辅助作用，仅供参考。

现在，你可以计分了，“是”计1分，“否”计0分。计分完毕后，进行加总，看看结果。

如果你的分数高于15分，那我强烈建议你读读这本书；如果你的分数在5–15之间，那么，其中一些章节必定会让你有所收获；当然，如果你的分数低于5分，恭喜你，你的逆商很高！

Adversity Quotient

目录

第一章 决定你成功的不是情商，是逆商

智商和情商，的确会让你达到一个高度，但唯有逆商才能让你保持这个高度，再突破，即使跌入谷底，也能重新回到巅峰。

第二章

你对情绪的掌控，决定了你成功的高度

一个人最应该掌握的能力，就是控制好自己的情绪，不被情绪牵着鼻子走。而一个能将情绪控制住的人，必然不是一个平庸的人。

第三章

你有多自律，人生就有多美好

如果说，一个人的想法是 0，执行力就是 1。从 0 到 1，是最关键的一步。没有这一步，你永远是 0。

第四章

思维决定出路，格局决定结局

结局见格局，你在低矮处看城市，可能会看到很多垃圾；当你登上高楼再看时，满眼都是风景。

第五章

你与优秀的自己，只差好习惯的距离

习惯是一种顽强而巨大的力量，它可以主宰人的一生。一个好的习惯会成就人的一生，而一个坏的习惯会让人终生负债。

第六章

对自己狠一点，离成功近一点

改变虽痛苦，但不改变会更加痛苦。温室中的花朵难以扛住风吹雨打，但风雨总会不期而遇。

ADVERSITY

QUOTIENT

第一章

决定你成功的不是情商，是逆商

智商和情商，的确会让你达到一个高度，但唯有逆商才能让你保持这个高度，再突破，即使跌入谷底，也能重新回到巅峰。跌倒了站起来只能算是半个人，站起来继续往前走才是一个完整的人。毕竟这个世界没有理所当然的成功，也没有毫无道理的平庸。

比情商更重要的，是逆商

小说《离歌》里有一个非常优秀的男孩子，名字叫毛北。

毛北出生在一个幸福的家庭，父母中产，家境优越，对他很是宠爱。毛北的成绩很好，从小到大一直都是同龄人中的佼佼者，每次考试都名列前茅。在高考前夕，毛北当着好友的面发誓道：“我毛北一定要考入北大，离开这里。”

可是天意弄人，在语文考试前，毛北因感冒起来晚了一些，当他匆匆赶到考场时却发现准考证忘带了。毛北慌了，急急忙忙赶回家去取，可就算千赶万赶，再回到考场的时候，还是迟到了半小时，无法再进入考场了。

毛北哭着跑回家，将自己锁在卧室里，任凭父母怎么叫他都不应声。

余下的几场考试，他也没参加。他觉得：语文考试都已经错过了，还考什么，我已经输了。

高考结束的那天晚上，毛北打开了卧室阳台的窗户，从阳台上纵身一跃，结束了年轻的生命。

他留下的遗书上写着：我是一个失败者。

作家余华说："中国的年轻人里面，优秀者很多，但能扛得住事儿的太少。"

所谓能扛事儿，就是逆商，就是在面对挫折和困境时，能有担当。

在这个时代，智商和情商一直被人提及，但很多人往往忽略了最为重要的逆商。实际上，人生多逆境，一个人能够走多远，能达到怎样的高度，拼的就是逆商。

01　逆境，是人生的必修课

人生自古多苦难，有谁相安过百年？不管是生于何等富裕的家庭，还是成长于社会底层，挫折与逆境总是如影随形。

三国里的三位大佬曹操、孙权、刘备，不管是官宦出身的曹操、孙权，还是徘徊于社会底层的刘备，一生之中所历经的挫折无数，都曾多次深陷绝境。

曹操经历过官渡之战的大胜，灭袁绍，一统北方，一时之间风光无二；也有过赤壁之战的惨败，带着八十三万大军南下，横槊赋诗、意气风发，结果被孙刘两家吊打，一把大火烧得丢盔弃甲，仓皇而逃。

刘备虽然人称刘皇叔，却出身底层，父亲早故，和母亲相依为命，靠织席贩履为生。即使得到了关羽、张飞两员猛将，也是颠沛流离了大半辈子，前前后后投靠过十来个人，居无定所。经历过赤壁之战的喜悦，和孙权联手将曹操打回北方，一举奠定了三国鼎立的局面，有了自己的根据地，最后还称了帝，建立了蜀国。但好景不长，他却在夷陵之战中惨败给曾经的盟友东吴，陆逊一把大火，火烧连营七百里，直接让刘备丧失了活下去的勇气，在白帝城郁郁而终。

孙权是三人之中相较而言颇为顺利的一个，但其实也是历经各种磨难。哥哥孙策遇袭身亡，孙权年纪轻轻便接管父兄之业，执掌江东。创业容易，守业难。能够在曹操、刘备双雄争霸中始终掌有自己的一席之地，所承受的挑战和过程之艰难可想而知。

没有谁的生活是容易的，没有谁的人生不经历苦难和挫折。人生即是一场修行，一场苦与乐的博弈，有人在苦难中沉沦，也有人在逆境中涅槃。

02 逆商，决定着人生高度

卢梭说："磨难对于弱者是走向死亡的坟墓，对于强者则是生发壮志的泥土。"

我时常看人物传记，发现所有的名人无一不是历经各种挫折和苦难，双脚鲜血淋漓地前行，最终才登上人生之巅。

中国当代的一大批企业家，马云、俞敏洪、任正非、史玉柱、褚时健……在这些人身上，情商有高有低，但逆商却都高得出奇，无一例外。

阿里巴巴的创始人马云，考重点高中失败，高考了3次才上了大学，找工作失败了不止30次。曾经去肯德基求职面试，24个人去了，结果只有他一个人没有被录取；后来又试着去考警察，5个同学去了，又是只有他一个人没有被录取。

海博翻译社是马云最初的创业，他背着麻袋去义乌批发袜子来卖，一家一家上门推销商品，学生们也帮他四处发传单做宣传，受尽白眼。马云4次创业，全部以失败告终，但他后来创立了令世人瞩目的阿里巴巴。

新东方创始人俞敏洪，同样是高考考了3次，最后才考上北大，却因在外授课被学校处分，最终离开了北大。

华为舵手任正非，一个44岁的男人，因经营中被骗了200万元，被国企南油集团除名，曾求留任遭拒绝，还因此背负了200万元的巨额债务。妻子与其离婚，他一个人带着父母弟妹在深圳住棚屋，借钱创立了华为公司。

巴顿将军有一句名言："衡量一个人成功的标志，不是看他登到顶峰的高度，而是看他跌到谷底的反弹力。"

脑白金背后的男人史玉柱应该是中国当代逆商指数最高的企业家，从超级富豪到背负2.5亿的巨额债务，从天上一直到坠落地面，却并没有打垮这个男人。

他也东躲西藏过，但最终发现这不是个办法，必须要站起来，重新做出成绩，将债务还清。所以，我们看到了巨人的轰然倒下，也见证了巨人的崛起。

智商和情商，的确会让你达到一个高度，但唯有逆商才能让你保持这个高度，再突破，即使跌入谷底，也能重新回到巅峰。

所谓逆流活鱼，顺水枯叶，在逆境中努力前行的人，最终才能真正地活下来，而放任自流的人即使活着也与枯叶无异。

03　逆商的五大关键特质

情绪管理

当遇到挫折和困难的时候，很多人会情绪失控，变得愤怒、沮丧、绝望，而往往情绪的失控会让事态更加严重，情况更加糟糕。值得一提的是，人生中的很多不幸，其实都是因为个人的情绪管理不当造成的。情绪管理可以说是情商，但我认为这是逆商的一部分，一个人想要扭转乾坤必须要有的特质。

执行力

将以往的错误进行改进和弥补，将好的想法实现，将低谷的人生扭转，必须要有强大的执行力去支撑。如果没有执行力，那么一切都是扯淡，别想在逆境之下有翻身的机会，所以执行力是必不可少的一环。

思维和格局

一个人的思维和格局，决定了他在逆境中能达到的高度。格局可以助其在混沌的困局之中打开局面，正确的思维可以让人在泥潭中找到突破口和方向。

良好的习惯

拥有一些良好的生活、学习、工作的习惯是成功的前提，比如早睡早起、看书阅读等。即使目前深陷困境之中，但只要你有超强的自律性和好习惯，就有走出困境的可能。

逆流而上的勇气

每年的产卵季节，鲑鱼都要历经千辛万苦才能回到出生的地方。这是它们生命中最重要的事，回到出生地产卵生子，最后安详地死去。人生其实也是如此，有些事必须去做，即使路上有无数的困难和挫折，不能停止前行。

这是处于逆境之中最坚韧的那部分。

被拒绝，能看出一个人的逆商

黄渤有过一个演讲：谁会拒绝一个幽默的人？

年轻的时候，黄渤有一次和朋友去酒吧里驻唱，一晚上要唱四首歌。他朋友在唱第一首歌时，下面就有人在喝倒彩，喊着：下去吧，下去吧。场面很尴尬，然后他朋友就从台上走下来，对大家说，作为一个歌手，就应该满足听众的需求，现在我下来了，下面我再给大家唱一首《喜欢我的人都好运》。台下顿时笑成一片，但这次大家明显不想再为难他。

被人拒绝，是比较难堪的。黄渤的朋友以幽默的方式化解了场面上的尴尬，是高情商，更是高逆商的一种表现。如果没有较高的逆商，没有强大的心理素质，没有一定的抗打击能力，恐怕他早就很尴尬地退场走人了。

被拒绝时，能看出一个人的逆商高低，是灰溜溜地离开，还是逆流而上，这往往决定了这个人能拥有怎样的人生。

01 连续 100 天被人拒绝

当你在人生中遭遇拒绝，不要逃跑，如果你拥抱它们，它们将会成为你的礼物。

这句话出自一位名叫蒋甲的北京小伙，他做过一个很有趣的实验：尝试连续 100 天被人拒绝，结果会是怎样的体验？

蒋甲从小在北京长大，6 岁那年，有一天老师指着墙角的礼物对孩子们说，现在你们相互表扬，如果你听到有谁表扬到你，就拿一份礼物回到座位上。小蒋甲当时特别激动，为每一个被人表扬并拿着礼物回到座位上的同学叫好，可最后尴尬了，蒋甲和另外两个小伙伴没有被其他小朋友们表扬，他们像罚站一样的站在原地。小蒋甲当时就哭了出来，老师赶紧打圆场，对底下的孩子们说，你们谁愿意表扬一下这三位同学？下面一片安静，没有人举手，没有人说话。

这种在众目睽睽下被拒绝，深深伤害到了蒋甲的自尊心，从此他变得有些孤僻，害怕与人交流，害怕被拒绝。

在他三十岁时准备自主创业，却意外被投资人拒绝，他曾一度消沉。但好在他知道要改变这样的状态，为了战胜内心的这种恐惧，他在网上查找了很多方法。最后他选择了一个极端的方式，自虐式地主动去寻找被人拒绝的机会，并且计划坚持 100 天。

他走上街头向陌生人提出各种奇奇怪怪的要求：借 100 美元给他，让他到大学上课当回教授，可乐续个杯怎么样，给他拼个奥运标记的饼干……结果是一次次被拒绝，但并不是全部，也有成功的时候。经过交流与死缠烂打的努力，他真去大学里讲课，当了一次教授，他将一株植物种在了邻居家的草坪上……

他的试验是有成效的，他也因此收获颇丰，最终不仅战胜了心魔，还获得了不少意外的惊喜。出了书，成为网络红人，被邀请到各地演讲，事业小有成就。

每一次被拒绝，都催生出一个更加强大和成熟的自己，这就是实验的目的。

如果你是一个内心比较脆弱的人，害怕被人拒绝，如果你想快速地成长，这倒是一个很好的方法。

02 被拒是常态，请拥抱拒绝

谁都不想被人拒绝，尴尬又伤自尊。但逆商高的人不会因别人的拒绝而定义自己；逆商低的人，在被人拒绝之后，往往容易放弃想做的事情，变得自卑。

尽管谁都不想被拒绝，但不管你怎么小心翼翼都无法避免这样的事情发生。被拒绝，是人生中的一种常态。

小时候要玩具被拒绝，青春时期向喜欢的人表白被拒绝，后来借钱被拒绝，找工作被拒绝，好不容易做出的方案被拒绝……

天底下有谁没有被拒绝过呢？有多少人不是每天都在被人拒绝中活着？

我认识不少从事销售和开拓市场的人，他们每天工作的大部分时间都在被人拒绝。打电话给客户被迅速挂掉；对进门的客户笑脸迎上去，对方却视而不见；去拜访客户，被爽约，被拒之门外也是常有的事情。

不管你是什么身份，什么地位，都有可能被人拒绝。特别是当你处于底层，还很弱小的时候，更容易被人拒绝。

马云在达沃斯演讲时曾说：我们需要学会习惯被拒绝。

2004 年，腾讯创始人马化腾正参加 CCTV 年度经济人物的颁奖典礼，在主持人的要求下，马化腾向不了解互联网即时通信工具的海尔总裁张瑞敏推销 QQ，不过最后并没有说服张瑞敏。

既然你无法改变，那就去习惯拒绝，去拥抱拒绝。在被拒绝之后，尽可能地询问对方或自己反思总结被拒的原因。是因为自己说话的方式不对，还是明明有机会再争取一下，自己没有勇敢地迎上去？是自己的产品不好，哪里需要改，还是对方根本不感兴趣？

去尝试挫败，去体验手足无措，只有当你真正体验过了，认真思考过了，你才会知道下一次该怎么面对，你才能真正地成长并成熟起来。

蒋甲说："拒绝曾是我的诅咒，曾是我的梦魇。它困扰了我小半生，因为我曾经不敢面对它，直到我开始拥抱它，才发现，其实它并没有那么可怕。"

当你拥抱拒绝时，生活才会拥抱你。被人拒绝并不可怕，一遇到挫折就轻言放弃才可怕，因为这样的人生只会越来越糟糕。

提高自己的逆商，不要因为别人的拒绝而否定自己，你需要做的是用实际行动来证明自己，将拒绝化成勇气和智慧，活出别人不敢活的样子。

坦然接受失败和挫折

一个人心智成熟的表现之一，就是在遇到困难和挫折时，能坦然面对，保持冷静，管理好情绪，寻求解决问题的办法。

在江苏台一档节目《最强大脑》中曾发生过这样一件事：

一位十二岁的中国小男孩与一位同龄的意大利小男孩展开竞争，看谁能用最短的时间记住 102 位新郎新娘的排列顺序，然后用人偶复位。按照比赛的规则，意大利小男孩先行报出自己的排列，结果是完全正确。这时候，中国小男孩开始低声哭泣，然后是号啕大哭，主持人很关心地问他怎么了。小男孩懊恼地说，我记对了，但是排错了。说完，几乎瘫倒在座椅上，在家长和现场嘉宾的鼓励下，他终于重新收拾心情，带着哭腔报出了自己的排序，结果是完全正确，甚至用时还更短。有意思的是，一旁的意大利男孩也落泪了，主持人也很关心地问他为什么也哭了。意大利男孩说，我看他哭得这么伤心，觉得心里难过。

对比之下，会发现今天的中国孩子在挫折面前的承受能力太差了，包括如今的很多成年人，输不起。

在顺境中越战越勇，一旦遭遇逆境，则变得焦躁不安，难以冷静应对，将事情搞得越来越糟糕。

其实，人生哪有这么多的顺境，怎么会一直一帆风顺？失败和挫折也是一种选项，你要学会坦然接受。

01 坦然接受失败

越王勾践卧薪尝胆的故事，想必大家都知道，这是越王勾践自我激励的一种方式。作为一个吃了败仗的君王，他是如何做到让对手对其放松戒备之心，从而允许他回国的？

越王勾践与吴王夫差交战，最终勾践吃了败仗，带着五千残兵退守于会稽，吴国的军队将会稽包围。这时候越王勾践听了范蠡的计策，向吴王夫差讲和，并且表示愿意携妻带子到吴国为臣。吴国的相国伍子胥反对此事，认为勾践留不得，越国必须要灭掉。越王勾践得知吴国的态度后，曾一度有杀妻灭子，与吴国决一死战的念头。

但手下大臣文种又献上一计，用财物行贿生性贪财的吴国太宰伯嚭，于是越王派人送了不少财物和美女过去，结果伯嚭真接受了行贿，还在吴王夫差面前极力促成越王勾践来吴国当臣的事情。他对夫差说，如果继续攻打越国，那勾践一定会杀妻灭子，焚烧宫室，到时候与大王您拼死一战，鱼死网破，您可是什么好处都捞不到啊。夫差一听，有点道理，就同意了勾践入吴当臣的请求，并从越国撤出了军队。

勾践到了吴国，夫差让他们夫妇住在父亲阖闾坟旁的一间石屋里。阖闾是夫差的父亲，当年正是被勾践打败，最终重伤而亡。勾践每天要给夫差喂马，夫差每次坐车出去，勾践负责给他拉马，当马夫，范蠡同样跟着做奴仆的工作。

就这样过了两年，夫差认为勾践是真心归顺了他，就放勾践回国了。

曾是一国之主，千人拥，万人簇，如今住在破房子里，给对手喂马养马，当个马夫，被百般羞辱，这样身份的转变，这种心理上的落差，真不是一般人所能承受的。但他做到了，所以才有了励精图治的动力，最终有实力打败了吴王夫差。

勾践的厉害之处在于，他能接受被打败的事实，更能想办法拿回失去的东西。

人一定要有接受失败的能力，因为你不可能总是处于有利的位置，接受不完美，迎接逆境，这并不丢人，恰恰是令人敬佩的品质。

02 控制情绪，冷静面对

正是因为我们的抗击打能力不足，逆商低，在困难面前才会表现出焦躁不安，情绪失控，无法冷静地思考和面对。

这两年不断地有大学生被电信诈骗后而自杀的新闻，每次看到这样的事件，大家都很心痛。虽然你的家庭很困难，但你是家里最大的一笔财富，你人没了，父母怎么办?

人在情绪失控的时候，做出的决定往往是最无脑的，在事后十之八九会后悔。

曾有一位读者给我发邮件，大致的意思是这样的：他觉得领导的安排不妥当，在公司里和领导大吵了一架。事后，他又为自己的行为感到后悔，其实领导的安排并非那么不妥，只是自己本来心情就不好，情绪被激化了，像油桶一样，一点就着。公司的待遇和前景都不错，他暂时也不想离开，希望我给他提出一个解决问题的办法。

有错能改，当然是要去道歉。但每个人的胸怀各不相同，如果领导是一位心胸宽广的人，你道歉还算比较好的选择，过去就过去了；但如果这个领导是个记仇的人，那么即使你去道歉了，这道裂痕和伤疤仍在，始终会困扰着你。

其实，这样的尴尬是完全可以避免的。如果他当时能够控制住自己的情绪，能够坦然面对不公，冷静地想办法解决，就不会有后续这么多的麻烦事。

人生有很多的烦恼都是由一件小事引发的连锁反应，如果你看得云淡风轻，也就很容易过去了；如果你较真，那么最终输的人只能是你自己。

曾经看过一则哲理故事。有一个人喜欢喝茶，得到了一套精美的紫砂茶壶，简直爱不释手。一天夜里，他不小心将茶壶盖摔在了地上，他的心也随着咣当一声碎了，懊恼不已。他一怒之下，将茶壶扔出了窗外。

第二天醒来，他发现茶壶盖并没有碎，而是掉在了拖鞋上缓冲后才滚落到地上，完好无损。他再一次感到气急败坏，茶壶盖没碎有什么用，整个茶壶都已经被扔出去了，他捡起茶壶盖用力地摔到地上，这一次真的是粉碎了。

走到屋外，他看到昨晚扔出去的茶壶正完好地躺在灌木丛中。

任何时候，都请你控制好自己的情绪。遇到困难别自暴自弃，当你破罐破摔的那刻起，才是你真正失败的开始。

人生多逆境，再难也请负重前行

一位甘肃的残疾考生魏祥给清华大学写了一封信，希望自己能带母求学。清华大学在回信中写道：人生实苦，但请你足够相信。

一句话，令很多人动容。

魏祥被清华温柔以待，“吃瓜群众”为这位身残志坚的励志学子感动不已，更为中国的最高学府点赞叫好。

你是否想过，如果魏祥没有在高考中考出648分的高分，也许就不会如此引人注目，毕竟天底下有着相同境遇甚至遭遇比他更差的考生还有很多。所以，魏祥的幸运是他自己争取来的。

人生实苦，但请你足够相信，与此同时，也请你足够努力。

世界上哪有那么多的幸运，大多数人眼里的好运只是努力的结果罢了。

01 你只是看到了别人幸运的样子

一直以来，我都相信一句话：天上不会掉馅饼，即使掉下来什么东西，也可能会砸个坑，变成陷阱。

前阵子，我陪一个朋友去派出所报案，他的姐姐已经一个多月联系不上了。最后一次联系时，他姐姐人在广东，说是在做一个项目，很能挣钱。又过了一段时间，再联系，已经无音讯，家里父母不放心，要求报案寻人。

我不知道这件事最终会演变成什么结局，但知道一点他姐姐的情况。朋友曾告诉我，他姐姐有一年过年回家，将在餐厅上班一年的积蓄都用来买了彩票，一口气买了 3 万多，希望能中个大奖。

这样的女人，老实说我挺佩服的，当机立断，果敢而刚毅。即使一年的辛苦钱扔下去，只溅起了点点涟漪，也毫无惧色。她相信死工资不足以改变命运，要学会投资，也更相信运气。

说起运气，上个月我参加同学的婚礼，台上亭亭玉立的新娘曾经在学生时代默默无闻，我敢打赌肯定有人会忘记这么一位姑娘——身高中等、有点婴儿肥，站在人群里，你看不到她丝毫的亮点。但就是这样一位姑娘，如今逆袭嫁给了一位帅气多金的男人。

我同她接触比较多，也经常会有联系，所以我知道一些她一路走来的状况。大学毕业后，她边上班边考研，最终考上了安徽一所大学的研究生。有了一年的工作经历后，她对生活和工作有了更深刻的领悟。

在读研期间，大家能明显感觉到这位姑娘的改变。她开始健身，每天早上和晚上绕着操场慢跑十圈；她开始学摄影，起先用手机，后来买了单反。在她的朋友圈里，经常会有一些颇有意境的照片出现，看她的朋友圈成了我的一种享受；她还在学绘画，校园里的凉亭花草，所在城市的景点，街边的小猫或行人，她竟然在短短的大半年里将这些画得有模有样。

我曾经问她："你哪来这么多的时间？"

她笑着回答："我好久没看综艺节目了，电视剧也很少看，现在的小鲜肉都不认识了，是不是很落伍？"

说实话，她一点都不落伍。有一次出差，我去了她所在的城市，相约吃火锅。见面时，差点没认出来是她，身材比之前好了很多，虽然依旧和从前一样素颜朝天，却散发着完全不一样的气质，自信又知性。

在婚礼的宴席上，一位女同学颇有些羡慕地说："她命真好，嫁给了这样一位帅气的男人。"

她的命是好，但这样的好命是她自己争取来的。如果她不会摄影和绘画，就不会认识有相同爱好的另一半；如果她没有研究生的学历，没有一份体面又高薪的工作，也许就不会被男方的父母接受。

在这好运气的背后，没有人知道她付出了多少努力。

02　人生实苦，请你足够努力

电视剧《欢乐颂》里的邱莹莹，一个十足的“女D丝”，最终逆袭成了店长，嫁给了应勤，有房有车，简直是完美人生。

在这之前，她也遭遇渣男，失了身子，丢了工作。那段黑暗时光的辛苦和艰难，难以启齿。好不容易遇到应勤，两人感情升温，却在一切看似要完美收官的时候，却因不是处子之身，再次被抛弃。

她百般痛苦后，开始用心工作，努力奋斗，忘却这些伤心的过往。

最终，她等来了应勤的回心转意，爱情和事业都有了收成。人生五味，酸甜苦辣咸，甘甜只占了人生之路的五分之一，但正是因为难得，才更美好。

破茧成蝶的背后是痛苦的挣扎和努力，每一只鲜艳美丽、翩翩起舞的蝴蝶，都曾是一条丑陋的毛毛虫，也都有过痛苦的蜕变经历。

我们的人生亦是如此，每一次耀眼的成功背后，都是充满艰辛的汗水与痛苦。

有时候，我们也不想这么拼，但才能和本事都是被逼出来的。父母没有养老保险，老了需要你赡养；家中的老婆孩子，需要你去给他们一个更好的生活。现实的压力逼迫你不得不去努力提高自己的才能和本事。

无论前方的路多么漫长且坎坷，今天的艰难成就了以后的顺利。天底下没有那么多的幸运事，所有的好运只是你努力的成果。

人生实苦，但请你多点努力，这样才能足够幸运。

03　提高自律的几点建议

不自律的人并非就一定过得不好，但请你相信，如果你真的想改变目前糟糕的处境、慵懒的习惯，就必须要学会自律。

那么，如何才能成为一个自律的人呢?

定个目标，并且写下原因。好好思考自己到底需要什么，想要过怎样的人生，然后制定一个目标，最好分长短期。

比如，我今年要学会 PPT，做到公司里最好的；我这个月要拿下 10 个客户；这个季度我们团队要挣 50 万；今年我要把教师证、会计证考下来……制定一些这样的目标，用笔写下来，放在每天都能看到的地方，时刻提醒自己离目标还有多大距离。

每天列出工作和生活清单。没错，是每天都要列出工作和生活的清单，这花不了你多长时间，效果却很好。

不管你记忆力有多好，始终不如记下来更靠谱。每天将要做的工作内容写下来，然后按重要性分主次去完成。包括作息时间，什么时候休息、什么时候起床，毕竟，起床是最能反映一个人自律性强弱的一件事。

总之，一个原则就是，今天的事必须要今天做完，绝对不往后拖延。

关闭电子产品。在工作和学习的时候，将手机等电子产品关闭，如果你确实需要保持手机畅通，那么请把网络关闭。你会发现，很多聊天是可有可无的，很多新闻和资讯是可以放在工作和学习之后再去看的。

另外，一定要注重锻炼身体，任何成功都建立在有一个好身体的基础上，这样也更有效率。

这几点，你如果能够完成 90%，就已经很出色了，一个人要想有多优秀，就看能控制住自己到什么程度，不管是工作还是生活，都是如此。

你总是太容易放过自己

人生混好了会成为故事，混不好那就成了事故。既然是事故，就有造成事故的原因，也就是说，只要控制得当是可以避免的。

将人生混成了事故的人，基本都有下面这三个原因，有人是中了一个，有人是照单全收。这三个原因，但凡有一个中了就会让你举步维艰，请有则改之，无则加勉。

01　喜欢向下比，容易原谅自己的不作为

小时候，有一次考试成绩下来了。

我妈问我考得怎么样，我说还可以吧，十几名。当时我妈就白了我一眼，十几名就还可以了呀？我很理直气壮地说，班上考得比我差的人多了，隔壁江江这次考了 30 多名。

话音刚落，我妈一只手打在了我的后背上，平时她很少会修理我。她接下来说的一句话，我到现在还记忆犹新："你给我用心记住了，打你这一下不是因为你考了多少名，是因为你的态度。光往后看，不和比你优秀的人去比较，这样很没出息。"

虽然事隔多年，但我经常回想起那个场景，直到今天，我仍觉得这话十分受用。

曾有人和我抱怨说："唉！我们老板真是太吹毛求疵了，一份报告让我改了七八次，真搞不懂有什么好改的。"

我问他："结果是不是越改越好了？"

他说："那肯定的呀，改了这么多次能不好吗？"

其实就是这个理，我们很多时候总是太容易原谅自己，觉得差不多就行了，但你认为的差不多其实差很多。

少点借口，多点担当，不要为自己找各种借口，别那么容易原谅自己的不作为，这样的人一般是很难不成功的。

一位德高望重的牧师给教会的学生讲了一个故事。有一个猎人带着猎狗去打猎，猎人一枪就打中了兔子的后腿，兔子拼命地跑，猎人的猎狗在后面穷追不舍。不一会儿，猎狗悻悻地回到猎人身边，空手而归。

猎人很生气地说："你连一个受伤的兔子都追不上，真是太没用了。”猎狗听完，感到很委屈，反驳道：“我已经很尽力了，它跑得太快了，可能是因为您没打中它的要害。”

兔子带着枪伤，踉踉跄跄地倒在了家门口，同伴们说：“你真厉害，那猎狗很凶的，你是怎么逃回来的？”兔子虚弱地说：“它是尽力而为，而我要竭尽全力。它抓不到我，顶多挨一顿骂，我若是被它抓住，就没命了！”

牧师讲完故事后，对学生们说：“谁要是能背出《圣经·马太福音》中第五章到第七章的全部内容，我就邀请谁去西雅图的‘太空针’高塔餐厅参加免费聚餐会。”免费聚餐会谁都想去，但要把几万字的内容背出来是很难的。

几天后，真有一个孩子在课堂上背出了这段内容，而且一字不差，很是流畅。牧师大惊，问他：“你是怎么做到的，怎么把这么长的一段内容背下来的？”孩子不假思索地回答说：“我竭尽全力。”

他就是我们熟悉的世界首富——比尔·盖茨。

你认为的尽力了，在别人看来只不过是刚开始而已，再有天赋的人也要努力，对自己狠一点，不要总是轻易地原谅自己的不作为。

02 抱怨成瘾，看什么都不顺眼

每个人身边都会有几个特别爱抱怨的同事或朋友，请远离他们。

相信我，这会是你做出的明智的选择之一。

经常听到有人抱怨：为什么没贵人帮我？我的伯乐在哪里？那个张三如果不是因为隔壁老王拉他一把，怎么可能混得这么好？

请问，你连跑两圈都不愿意，谁知道你是不是千里马？大家都很忙，如果你没有可利用的价值，谁会去拉你一把？如果你是一个扶不起的阿斗，那岂不是在浪费对方的精力？

有人抱怨，领导不喜欢我，处处看我不顺眼，真不想干了。其实，除了抱怨，你更应该反思为什么领导看你不顺眼，你如果能够为公司创造价值，你如果能将工作很有质量地完成好，领导还会不喜欢你吗？

有人抱怨说，市场大环境不好，我一没有学历，二没人脉，三没背景，更没一个有钱的爹，我当然没你们混得好！首先，学历不高，是你自己的原因，没什么好抱怨的。并且，学历高低并不是影响你成就的唯一因素。其实你就是因为懒、不奋斗，在找理由安慰一下自己而已。其次，没有人脉，那是因为你自身还不够优秀。穷在闹市无人问，富在深山有远亲。这世界就是如此，当你有实力了，就会有人主动来靠近你。最后说的没背景，很多在外打拼的人都没背景，同样的道理，当你自身强大了，所接触的圈子自然会升级，你也就不需要背景了，因为你自己就是豪门。

有人抱怨说，我就这命了，这辈子就这样了！这种自暴自弃的话，我有时候听着挺着急，你凭什么这么轻易地就给自己的人生下了定论？

当你在抱怨没有鞋子穿的时候，你根本就没想过，有人甚至没有脚。

尼克·胡哲出生在澳大利亚墨尔本，他天生没有四肢，只有左侧臀部下的位置有一个带着两个脚趾头的“小脚”。8 岁那年，胡哲的父母把他送入小学，因身体残疾，胡哲饱受同学的嘲笑和欺侮；10 岁时，他曾试图在家中的浴缸溺死自己，但没能成功；19 岁的时候，他打电话给学校，自荐演讲，被拒绝了 52 次。不过，即便在这样的情况下，他依旧坚持向校方请求。终于有一次，他获得了一个 5 分钟的演讲机会和 50 美元的薪水，开始了自己的演讲生涯。

2003 年，胡哲大学毕业，获得会计与财务规划双学士学位；2005 年，他出版 DVD《生命更大的目标》，同年被提名为“澳大利亚年度青年”；2008 年，胡哲担任国际公益组织“Life Without Limbs（没有四肢的生命）”总裁及首席执行官，同年出版 DVD《我和世界不一样》；2009 年，出版 DVD《神采飞扬》，在 2008—2009 年期间，胡哲曾两次来到中国，并在清华大学、首都师范大学和复旦大学举行演讲；2010 年，出版自传式书籍《人生不设限》。

尼克·胡哲说，人生最可悲的并非失去四肢，而是没有生存希望及目标，经常抱怨便什么也做不来。真正改变命运的，并不是我们的机遇，而是我们的态度。

一个手脚残缺的人都能过得这么乐观，你还有什么理由觉得自己过得很糟糕呢？命运是可以掌握在自己手中的，请不要抱怨，一切靠自己。

03 习惯性拖延，拒绝学习

上学的时候，老师经常会说，这一章的内容要赶紧消化，不要往后面拖，阴天拖稻草，越拖越重；工作后，老板开会也强调说，今天的事情哪怕加班也要做好，今日事今日毕。很多人无论在生活还是工作中，都会被“拖延症”所困扰。

事情总是喜欢往后拖，其实就是因为懒。有时候明明知道自己有这样的毛病，却总是克服不了，有时也很讨厌这样的自己，你有没有这种感觉？

看了《西游记》，你会发现几乎所有的妖精都有一个坏毛病：拖延症。

辛辛苦苦抓到了唐僧，你就赶紧上去咬两口啊，还在那儿等要抓到孙猴子一起吃，抓到了几个徒弟，又开始纠结是油炸还是水煮，最后什么都吃不到，就被打死了。

拖延害死人，看到没？

有一个人，成为一名作家是他一直梦寐以求的梦想，但他总觉得自己时间很多，可以慢慢来实现。

直到有一天，他被查出了癌症，医生说他的生命只剩不到一年的时间。他痛哭之后，决定要留点东西在这世上，于是他开始坚持每天都写作，不到一年的时间，他就出了两本书，变身为一个小有名气的作家。

我们总是习惯性地将事情推到明天去做，但明天来了之后，又周而复始地往后推，最后什么都完不成。要真想努力改变自己的现状，就趁现在去学习。

走上社会，才是我们真正学习的开始，这和大部分人的观念相反。很多人以为学习是学生的事情，离开学校还需要学习什么呢？但从生活角度说，你就是一个学生；对于你没掌握好的技能来说，就应该不断学习。

有人说，毕业五年后，下班之后干什么决定着你和别人的差距。有人下班后，追剧玩游戏，抱怨生活不易；有人下班后，培养兴趣，完善专业技能。这就是差距，一天两天，一年两年，积累下来，努力的人终会让别人抬头仰望。

混得好不好，都是自己决定的，没人有义务帮你，除了你自己！

世上最难之事：挣钱和活着

一位年轻人同我讲了自己目前的处境，大学刚毕业，无房无车，仍在迷茫中奋斗着。

那天正好我还比较闲，就问了他一些具体的情况，然后给他做了一个职业发展的规划建议和目前的执行计划。从我的角度来看，他如果按照这份计划来执行，只要能做到六七十分，就可以走出目前的困顿期。

这位年轻人说："哇，这么大强度啊，简直要我命了。"

我回复他："比你优秀的人有很多，比你起点高的人也有很多，你以为轻轻松松就能走向成功吗？"

他说："唉，人各有志，每个人都有各自的活法，那样活得太累了。"

我没再说什么，正所谓人各有志，所以才人各有命。这世界上最难的两件事：挣钱和活着。

想从别人的口袋里把钱拿过来，难；想有质感地活着，也难。

01　第一个难题：赚钱

不想每个月拿着固定的死工资，但跳槽也没好的去处，即使辞职了也不知道自己到底能干什么，很迷茫。

这是很多人目前的状态，问题就出在这儿，不知道干什么。

我经常听到一些刚毕业甚至一些还没毕业的人很有激情地说，他决定要自己创业。但是当我很认真地问他们，打算做什么，怎么做，有没有计划时，得到的回答基本都是，还没想好，反正我是要自己创业的。

“反正”这个词用得好，你不能说他想法不靠谱，因为总有奇迹发生，但不说我又觉得自己不靠谱，这世界奇迹实在太少。

我所见过的成功创业者，90% 以上都是先从基层做起，在熟悉了某个行业或技术以后，找准一个机会或风口，再出来自己单干。他们大多是依托现有的公司发展自己的人脉、资源、能力、思维，而当有了这几样东西后，机会其实是很容易自己找上门的。

我认识一个女孩，在一家美食平台当户外采编。她在外面跑了两年，几乎跑遍了全城所有的餐饮店。后来她辞职，自己开了一家私房甜品店，店铺选在一个较偏的巷子里，因为刚开始起步，资金确实比较受限。

她的订单大多数来自圈子，两年的采编工作，接触了很多的商家，自己建了十多个群，也认识了很多吃货，而这些人就是她甜品店的主要买单者，又因为口感不错，态度也好，这些人便主动向周围的人推荐她的甜品店。所以一个不大的店铺，生意却很好。

这就是工作带来的人脉和资源，如果没有这两年的经历，她的甜品店生意很难会有这么好。

当然，并不是所有人都适合去创业，上班就不能挣钱了吗？

道理都是一样的，你只要抓住赚钱的本质（你给别人创造价值，对方付给你报酬）。不管是自己创业还是上班，都能挣到钱。

我所认识的高薪上班族，大多是特别有责任心，把公司利益放第一，能力也比较强的那种员工。拿着 1 万元的月薪，干着 2 万元薪酬的活儿，还操着老板的心，这样的员工往往会很快得到提拔，升职加薪。

干好活和升职加薪并没有“先有鸡还是先有蛋”那么让人费解，因为钱在老板手上，他掌握主动权，所以只有先干好活才能被升职加薪，而不是等着升职加薪了，才准备去好好干活。

02 第二个难题：活着

世界上有条很长的路，叫梦想；也有堵很高的墙，叫现实。人活着的难度在于：活得明白，过得有意义。

大家很羡慕有钱人的生活，想买啥就买，想出去溜达就出去。所以，时常会有人颇有感慨地说，看看，人家这才叫生活，我们只能叫生存。富裕的生活自然不错，但大多数人并没有能力拥有这样的生活。这是一个很现实的问题，必须正视。

那么，挣不到钱的人就失去了活着的意义吗？

当然不是，一个人最差的状态是只为了填饱肚子而活着，没有任何理想。

前几年认识的一位木工师傅，当时家里房子需要装修就请他帮忙做木工活，这位师傅给我留下了很深的印象。

中午休息的时候，他喜欢拿着一个大本子作画，很专注。有一次，我凑上去看看，结果被惊到了。他用木工常用的那种铅笔，在纸上却画出了各种各样的人、动物、山水，惟妙惟肖。见我凑上来，他笑着说，年轻时就喜欢画画，家里条件差，没办法，只好早早出来学手艺，但闲下来就会画着玩。

再对比其他几位师傅，他的精神风貌是完全高出好几个层次的。做工细致、穿戴整齐且干净，给人很舒服的感觉。

一个精神富足的人，是很容易让人感觉出来的。

穷一点不可怕，怕的是穷得一无所有。

不管什么时候，都别放弃心中的梦想，即使可能一辈子都无法实现它，但追求的过程是可喜的，也是值得的。

只要你不忘初心，岁月会给梦想一个交代。

要么学会挣钱，要么学会好好活着。两者都能做到，那自然是大赢家，做到其中一个就算不负此生了。

不过，在我看来，优质地活着比挣钱更有意义。

拒绝假勤奋，别让低效毁了你

这世界上没有那么多的天赋异禀，成功都需要持续有效的努力。我欣赏努力，也提倡勤奋，但更担心大家误入“努力的陷阱”，深陷其中而不自知。

什么叫“努力的陷阱”呢？

你可能也有过这样的迷茫和无奈：忙忙碌碌、加班加点地工作，但工资不涨，职位不升，在公司平庸到尘埃里；你买了很多书，也花钱报了培训班，但提升也是微乎其微……

总而言之，你总是碌碌，但却无为。明明已经很努力，但仍一事无成，甚至是一无所有，更看不到未来。

请你别怀疑努力，不是努力没用，而是你的努力没用，因为你掉进了“努力的陷阱”里。

01　努力，从来不代表能力

曾经看过这么一句话：没有目标的努力，没有计划的奋斗，都是在作秀。

很多人表面上很勤奋，但实际上却是用忙碌来回避真正的问题，用看上去很努力的姿态来掩饰自己的懒惰。

我的读者自发地建了一个群，一个几十人的小群，每天坚持打卡，将一天的目标和计划列出来，互相监督，我觉得这样的氛围挺好。

但同时我也深深地担忧，大家是否真的如此自律，还是只在表面上看起来很努力。

早上五六点就有人在群里打卡，但我不知道打卡的人是否真的已经离开了被窝，按照计划去健身，去看书学习，或者给自己做一份早餐。

因为也存在着另外一种可能，在群里打卡结束后，继续蒙头大睡；或者起来之后什么也没做，不知道自己要干什么。

所以说，起床早没有用，重点是干了什么，八点钟起床的人并不一定就比六点钟起床的人懒散。

打卡是一个行为，一个开始，而不是作秀和模仿，别人早起，你也跟着早起。真正的努力是看你做了什么，最终的结果是什么。

无论做什么事，光喊口号都没有用，结果和效率，才是最重要的。

一家公司的高管曾经问我："你觉得给员工涨工资的标准是什么？"

我的回答是："忠诚、努力、价值。"

他笑着说："我只看价值，这世界上没有绝对的忠诚，我们每年花费精力和财力培训员工，但仍有人离开，因为当一个人的能力达到一定高度以后，都希望去更高更大的平台发展，这是人性使然。

"而努力，在我看来是一种很难得的态度，说明这名员工的品质不错，但努力从来不代表能力，任何一家公司也不会为你的努力买单，能让公司为你买单的只有价值。

"如果你能每个月为公司创造 10 万元的利润，我给你 2 万元都不会觉得多，但如果你只是每天过来打卡上班，这儿做不好那儿也做不好，即使天天加班到深夜，我也不会给你涨一分钱，因为你没这个价值。"

努力从来不代表能力，这也是为什么很多人一直觉得自己很努力，但收获不到正面回报的主要原因。

而更现实的是，越是工作做不好的人，越是无能的人，越喜欢用努力来为自己辩解。

我都已经这么努力了，你还要我怎样？

这世界太不公平了，我如此努力，还是一事无成！

……

在抱怨和感到委屈的时候，你有没有想过，如何让自己变得高效，爬出努力的陷阱呢？

02 拒绝低质量的勤奋

再次提及那句话：没有目标的努力，没有计划的奋斗，都是在作秀。

一头驴每天围着石磨打转，累得要死，但是它不知道自己为什么要去做，即使石磨上没有东西，他也一样在打转，很辛苦，但无效。

做任何事情之前，你首先得有一个明确的目标，这是非常重要的一个步骤。有目标，然后再有的放矢地朝着目标努力。

我不建议大家制定多宏伟的目标，改变世界、拯救人类……

先从改变自己做起吧！比如我今年要考一个对职业发展有帮助的证书，年底个人存款要达到20万元，明年我要把房子的问题解决……

分解目标

有了一个大目标只是开始，你还得将目标进行细致分解，划分成一个个的小目标。

比如你计划从现在开始到年底存 5 万块钱，这是大目标，分解为小目标就是每个月需要存多少钱，如果工资不够，那怎么办?

这时候你就要想办法完成目标，工作上再努力点，客户多跑几个，拿固定工资的可能就要去做份兼职。

比如你想写一本书，你就将这个看似很大的目标细化到每天写 2 页，这样半年就可以写出一本书了。

有时候光盯着大目标，会很绝望，觉得太难了，不可能实现，但当你细分下来之后，落地实施，就会踏实很多。

多思考，多沟通，多总结

同样的事情，不同的人来做，效率是完全不一样的。

我是做文案出身的，经常需要与客户对接。有一次，客户给我一个主题，我花了几个小时写好，自己觉得很用心，以为客户也一定会很满意。

但发给客户看的时候，对方提出了好几个需要修改的地方，其实也就是委婉地告诉我整篇文章都需要重新写，因为与客户方产品一贯的风格不搭。

从那以后，我接到案子，都会事先花时间与对方沟通，什么主题、需要凸显什么、什么风格，列出一个大致的提纲，然后再开始写。

这样一来，虽然前期准备的时间长，但综合起来效率其实更高，更重要的是成功率更高、满意率更高。

学会统筹和管理

其实很多人都是在瞎忙，做事情完全没有主次之分，时常处于一种神游的状态，效率极其低下。

学会统筹安排，学会自我管理，在工作和生活中，相当重要。

重要的事情先做，越往后拖，越有可能完成不了或完成得很马虎；能几分钟解决的小事情就立马做，越往后拖，越可能会忘记。

每天早上花几分钟列出一天固定的工作内容、想做的事情，做好一件就画上一个钩。晚上早点休息，体力是工作效率的保障。

统筹能力需要慢慢来培养，自我管理需要自律来约束，这是一个改变自己的过程，也是努力的意义。

川流不息的大街上，行色匆匆的赶路人，似乎总有忙不完的事，干不完的活，但又有多少人真正在努力呢?

很多人都被自己努力的样子感动到，真以为自己很努力，其实他只是看起来很努力而已。

醒醒吧，你的假装努力正在毁掉你的人生和身体，是时候反思和做出改变了！

ADVERSITY

QUOTIENT

第二章

你对情绪的掌控，决定了你成功的高度

一个人最应该掌握的能力，就是控制好自己的情绪，控制好自己的行为，不被情绪牵着鼻子走。而一个能将情绪控制住的人，必然不是一个平庸的人。

控制住脾气，别轻易指责别人

一位医生接到手术电话后，以最快的速度赶到了医院，换上手术服，进了手术室。

患者是一位男孩，男孩的父亲对医生大吼道："你怎么来这么晚，不知道我儿子现在很危险吗？太没责任心了吧！"

"不好意思，今天我没上班，是接到医院电话才临时赶来的，你冷静一下。"

"你让我怎么冷静，如果是你儿子躺在那，你能冷静吗？"

医生淡淡一笑："我会为他祈祷。"说完就进了手术室。

几个小时之后，医生从手术室出来，高兴地对男孩的父亲说："手术很成功，你儿子没事了，具体有什么问题问护士。"说完，就急急忙忙走了。

男孩的父亲对旁边的护士抱怨："这医生也太没有责任心了吧，

做完手术就走，有问题还让问你们护士，这么急赶着去投胎吗？”

护士眼睛红了一圈，有点生气地对他说：“你说够了没有，他的儿子昨天在车祸中去世了，我们给他电话让他过来做手术的时候，他正在去殡仪馆的路上。现在他救活了你的儿子，要赶着去参加他儿子的葬礼。”

看完这故事，我挺有感触的。医生的敬业精神值得肯定，但这位男孩父亲的态度更值得我们去深思。

一个成熟的人，不会轻易去指责别人，因为你根本不知道别人的生活是怎样的，他有着怎样的经历。

很多人不管是工作上还是生活上的失败，都败于自己的性格和脾气。

01 脾气不好的人，职场路不好走

在《三国演义》里，张飞是出了名的暴脾气，时常控制不住自己的脾气，动不动就骂人，撸起袖子就要干架。蜀汉五虎将之一的他，最终的结局令人唏嘘不已。他并非轰轰烈烈地死在战场上，而是死在了自己的两个下属手上。

二哥关羽被东吴所杀，张飞气急攻心，血泪衣襟，时常饮酒解闷，喝多了，脾气更暴躁，有点小过失的士兵时常被他鞭打得死去活来，直接鞭打致死的也常有。

后来，终于等来了伐吴的机会，报仇心切的张飞命令手下的范疆、张达二人三日内置办好白旗白甲，三军挂孝伐吴。第二天，这两人便找张飞汇报情况，白旗白甲一时没有办法凑全，能不能宽限几日。张飞大怒，下令将二人绑在树上，狠狠打了 50 鞭。打完之后，他用手指着二人说：“明天一定要全部准备好，如果违反了期限，就取你们的人头示众！”

这二人深知张飞的脾气，他说到做到。为了活命，晚上两人趁张飞熟睡时将他的头颅砍下，跑到东吴那里去邀功。

张飞死得真有点憋屈，他为自己的暴脾气付出了惨痛的代价。

一个人的脾气，真的会直接影响他生活和事业的高度。

前同事老周是一个嘴巴不怎么招人喜欢的人。2015 年的年底，公司让他把一直跟进的甲方客户那边的广告余款给收回来。他跑了两三趟，对方公司的经理总是回他说：“再等两天，已经上报给集团总部了，款项批下来肯定转给你们财务。”

次次这样，公司老板有点急了，就问老周到底怎么回事，老周把对方的答复又重复了一遍。

我比较纳闷，公司和这家客户合作两年了，平时打款都很及时，走流程不会这么慢。私下里，我问了那位和我比较熟悉的策划经理，他的回答令我吃惊。他说："款项集团早就下来了，主要是看你们那位业务员不怎么顺眼，平时说话挺横的，故意让他多跑几趟。"

职场上你永远不知道谁在给你使绊了，不管是对客户还是对同事，都要好好说话。包括自己做生意的，客户问了半天最后没买，这是常有的事，有些人会气急败坏地说两句冷嘲热讽的话。

逞这种口舌之快能带来什么？只会彻底断了客户回头的念头，甚至还吓跑了潜在的客户群。

赚钱，要和气生财，别说不该说的话，别做断自己后路的事。

02 脾气见人品，不经意间输了人生

前阵子在网上看到一个故事。有一个漂亮的单身女孩，在同学的婚礼上邂逅了一位高富帅。

两人第一次约会的地方是一家西餐厅，服务员将菜端上来的时候，胳膊肘不小心碰倒了酒杯，小半杯红酒哗的一下全洒了，有几滴恰好溅到了女孩的白色连衣裙上。女孩尖叫了起来，呵斥这位做错事的女服务员，并让她把经理叫过来。女服务员一个劲儿地道歉，最终在女孩不依不饶的攻势下把经理叫了过来。

经理给女孩道歉，并且承诺给他们消费打半折以表歉意，希望

不要再追究。女孩这才满意地说，算了。回过头来，女孩对约会的男人笑眯眯地说："你可要感谢我哦，帮你省了一半的钱。"

自那次约会后，便没有了下文。

一个得理不饶人的人，一个为了点蝇头小利不惜伤害别人的人，是很难被认可的。很多时候，一个人的脾气能反映出其人品，而人品是愈加重要的东西。

丢了人品，则容易输掉人生。

经常有人会问，怎么提高情商，怎么做到会说话？

如果你很浮躁，心静不下来，就算掌握再多技巧，一样难成事。所以只要你心里多一份宽容和理解，讲出来的话就会柔和许多。

学会控制自己的脾气，不要轻易指责别人、刁难别人。即使你再有理，也要表现得足够绅士，这是修养。

爱笑的人，运气不会差。同样，有修养的人，人生自然也不会差。

别抱怨生活，欠你的必会还你

有一年我去南京出差，在一家便利店门口，看到一个长相清秀的姑娘拄着一根拐杖，手里拎着一小捆线圈和刚从便利店里买的几瓶水，也许是家里正在装修吧。姑娘的一条腿被截肢了，虽然素昧平生，但看到这样的人，我总会心生怜悯。

来接我的朋友顺着我的视线，也看到了她，笑着说："人家活得挺好的，就住我们小区附近，她开了一家奶茶店，味道不错，我经常去光顾。"

我好奇地问："她出了什么事，怎么会截肢？"

朋友说："车祸，差不多三年前吧，有一个人酒后驾车撞到了她。"

我接话道："哪个浑蛋喝了点'黄尿'毁了人家姑娘一辈子！"

朋友笑着说："酒后驾车的这个人现在是她老公，两个人感情不错，他们还有个小女儿，长得挺可爱的，比较像这个女人。”

我大惊，这比电视剧还狗血啊！

朋友见我感兴趣，就说起了他们的故事。这个姑娘被撞之后，那个男人就被警察控制了起来，后来他去医院看望她，竟对病床上的她心生情愫，一直陪着她、守护着她。相处一年多后，两人便结婚了。

听完她的故事，我不禁唏嘘不已，大千世界，真是什么事都有可能发生。那些我们看似可怜的人，也许活得比你想象中要好很多。

我突然想到曾经看过的一句话：人这辈子，只要你不对生活放手，上天欠你的，终究会补偿给你。

01　别抱怨，今日的苦难也许是明日的惊喜

此刻，我想起了一则小故事。

有个国王很喜欢打猎。有一天，国王去森林里打猎，弯弓放箭，一只花豹倒在了不远处。国王下马走近花豹，准备看看这个猎物，谁知花豹在临死前拼尽全力，扑向了国王，咬断了国王的小半截拇指。

回宫后，国王感到很郁闷，便请当朝的丞相来喝酒。丞相却笑着说：“我的王啊，你想开一点，老天爷这样安排肯定有它的道理。”

国王一听，很生气，觉得丞相在看热闹，就将他关进了监狱。

一个月之后，国王又出去打猎了，这次他进入森林的更深处，却不想迷了路，结果被一帮土著人给绑了。原来这里的部落，在月圆之夜要祭祀月亮女神，这一次的祭品就是这位倒霉的国王。就在国王绝望的时候，负责祭祀的女祭司忽然大叫起来，原来她发现了国王那残缺半根拇指的手。她大叫道："祭品不完整，月亮女神收到后肯定会大发雷霆的。"于是，他们把国王又给放了。

国王回去之后，立马把丞相从监狱里请出来，并很兴奋地说："花豹咬掉我半截手指的事，老天爷安排得太好了，救了我的性命。"丞相说："您的那次苦难，也救了我的命。如果我不是因说了让您不高兴的话而被关进了监狱，那么他们肯定也会抓到我，而我就是那个没有残缺的祭品。"

所以不要抱怨，今日的苦难未必不是明天的惊喜。

02 你若努力，生活尽早会给你想要的答案

有人说，人生的苦难是上天化了妆的礼物。

其实，苦难就是苦难，它让你感到痛苦，让你抓狂，让你对人生失去信心。没有人喜欢苦难，没有人愿意迎接困难，但人生在世，哪有那么多美好又顺利的事？

在《超级演说家》的舞台上，有一个天生残疾的选手，曾以高分考进中学校门，却被校长拒之门外，他叫崔万志。他的父亲跪在校门外，希望学校能收留这个孩子，这一跪就是几个小时。即使他在大学毕业后，还是同样遭受了来自世俗的白眼和嫌弃，没有用人单位肯要他，甚至连面试的机会都不给。

如果换成是你，会对人生、对生活都感到绝望了吧?

崔万志也一样地感到绝望，他恨这个世界，恨老天爷瞎了眼睛，为什么对他如此不公平。但既然选择活着，那就好好活着。不要抱怨这个世界的不公，说破了天也不会解决问题。

现在的崔万志，堪称人生赢家，有自己的事业，而且做得相当出色，也有理解和陪伴着他的爱人，人生圆满。

在他最困难的时候，支撑他走下去的是父亲的一句话：不要抱怨，一切靠自己。

没有华丽的词语，简单朴实却掷地有声。既然苦难横在了你面前，那就从苦难上跨过去；既然困难已经摆在这了，那就去接受。

阿Q精神其实是很好的一种状态，至少不会得抑郁症。既然生活要“强奸”你，你又跑不了，就试着享受这一切吧!

今天的我们，为了买房、买车，为了爱情、父母，为了家庭、生活……分散在城市里的每个角落，扮演着自己的角色。

有人说，我已经很努力了，但还是混成这死样子。努力得到回报的方式，并不一定都是你想要的物质，还有经验、阅历、思维、能力、格局。这些无形的财富在某种程度上对你今后的帮助更大。

所以，这就是为什么我一直劝大家在年轻的时候多拼一拼，多学一学，技多不压身。金山、银山，总有用光的一天，但能力和本事，却是用不完的，别人也偷不走，随身携带，还很方便。

困难本身并没有什么价值，真正让其有价值的，是面对困难时的心态。不要再抱怨生活中的不幸了，你若付出和努力，生活迟早会给你想要的答案。

不要和层次低的人与事纠缠

真正成熟的人，容易在一些小事上妥协，不是尿，而是根本不屑与对方纠缠。

曾看过一个很有意思的小故事。一头骆驼在沙漠中行走着，途中，被一块玻璃硌到了脚，骆驼顿时很生气，抬起脚狠狠地将玻璃碎片踢了老远，却不小心将脚掌划开了一道更长的口子，鲜血直流。

走了没多远，骆驼脚掌上的血腥味引来了几个秃鹫。它们跟着骆驼在上空盘旋，骆驼感觉到了危险，拼命地奔跑起来，试图甩开这群秃鹫。但它越拼命奔跑，伤口流的血越多，不想浓浓的血腥味又招来了正在附近觅食的两头狼，骆驼更加仓皇地奔跑，像一只无头苍蝇般乱撞。终于甩开了觅食的狼后，它准备停下来歇息会，却没想到附近有一处食人蚁的巢穴，黑压压的一片将骆驼围得严严实实，精疲力竭的骆驼却再也走不动了。

临死前，骆驼很懊悔：“我干吗要和一块小小的碎玻璃较劲？”

其实，人也是如此，真正成熟的人会远离烂人，也从不和烂事纠缠。

01　远离生命中的那些烂人

有一次和朋友去旅行，在一处景点排队买票，朋友转过头正和我闲聊着。这时一个肥腻的中年男人突然就站在了朋友的身后，朋友看了看，并没有说什么。反倒是我后面的一位大妈嚷开了：“哎，你这人怎么这样啊，随便插队，我们都等了老半天了。”

中年男人转过头来恶狠狠地瞪了大妈一眼，那眼神仿佛在说，你再不闭嘴我弄死你。大妈倒也识趣，没有再对他嚷嚷，不过嘴里还在小声念叨：“插队还有理了，什么素质……”

终于进了景区，朋友对我说：“我们能有机会看到这风景不容易啊。”

我有些摸不着头脑，问他什么意思。他说：“刚才那男人一看就不是什么好人，插队就让他插好了，反正出来玩也不差这一时半会儿，别让这种人破坏了心情。”

其实，我当时的觉悟没这么高，因为看他魁伟的身型，掂量着如果动起手来应该打不过他。不过，我也挺赞同朋友说的这番话，别和这种人纠缠，以免得不偿失。

大家是否还记得2017年2月份轰动全国的武汉面馆杀人事件，明明只是一件小事，最终却害了两个家庭。有些人的思维方式，你是永远也无法与之解释的；有些人的行动方式，你更是永远无法理解。

讲一个我朋友在职场上经历的故事：

大刘是我的大学同学，初到公司的时候总受一个老同事欺负，那人将自己的不少工作甩给大刘，平日里也没少摺挑子。

我记得大刘刚去公司那会儿经常在QQ群里说这同事有多讨厌，我们对大刘说："别理他，让他欺负人。"

大刘有一次说了一句很经典的话："他就是一坨屎，我如果踩他就会脏了自己的鞋，和他斗，就会拉低我的层次，和你们发发牢骚就好了。"

再后来，连大刘发牢骚的声音也听不到了，因为他已经成了这位老同事的上级。

职场上的烂人挺多的，打小报告的、倚老卖老的、遇到事情甩手的、背后乱嚼舌头的……烂人就像一坨屎存在着，你和他纠缠，就会惹来一身臭味。

这世界从来不会缺少烂人，但有不与烂人纠缠这种气度的人实在太少。其实回头看看，有些人真不值得你去和他争论。

真正成熟的人，会主动远离那些烂人。

02 不在烂事上浪费时间和精力

我曾经看过某一个明星的专访，印象较深的是这个明星说过的一番话。

主持人问她："网上很多人说你这不好，那不好，你怎么看待这样的事？"

她笑了笑，回答说："如果我每天花精力和时间在这样的事情上较劲，那我一整天都干不了其他事情。"

什么叫烂事？我的理解是，不值得在上面浪费时间和精力的事。

人的精力和时间是有限的，那些成熟的人，比较成功的人很少会在乱七八糟的事情上浪费时间。

前阵子，朋友跟我讲了一个很奇葩的故事。

他们公司有两个同事竟然在上班时间打架，原因很简单，就是意见不同。江歌案件已经是路人皆知，刘鑫成了口诛笔伐的主要对象，那几天大家茶余饭后都在谈论这事，朋友的公司自然也不例外。

而这两个人对这事的看法不一致，越说声音越大，争得面红耳赤，继而互相骂，最后竟大打出手。

结果两人都被领导叫去批评了一顿，还罚了500块钱。多大的事儿，三观不一样，那就不要勉强，表达完自己的观点就可以了，真没必要强迫别人认同你。最终关系破裂了，在领导面前留下了不好的印象，又被罚了款，还成了同事间的一个笑料，得不偿失。

工作中这样的事情很多，不值得你去争论的就不要去争论，不要将时间和精力浪费在无意义的事情上。你赢了，又能怎样？

不光是工作中，生活上也是如此，有些事发生就发生了，不要去抱怨和纠结。比如你的爱人不小心将你喜欢的一个杯子打碎了，你会怎么办？聪明的人不会和爱人大吵一架，杯子已经摔碎了，再吵也没有用，碎了就碎了，别因此大做文章。不要因为一个碎了的杯子，两人再大吵一架，引发更恶劣的后果。真正成熟的人不会让自己陷入这样的境地。

为什么有些人总是抱怨身边的烂人太多，抱怨自己运气不好，总是遇到糟心的事？其实很有可能是你自己的原因，和烂人纠缠，在烂事上纠结，当然会让你心烦。

真正成熟的人，不会在这些人和事上浪费时间和精力，往往这样的人生活更幸福，事业更顺利。

不作践自己，去迎合他人

智商高的人也许会事业无成，但情商高的人却一定能表现非凡。

在社会上混久了，你会慢慢发现，不管是工作还是生活，无非就是要做好两方面：会说话，会做事。

如果你将这两方面做好了，人生自然不会差到哪里去。做好这两方面，需要一定的智商，更需要情商。

说到情商，我们往往会不自觉地以一个人为人处世的圆滑程度来衡量这个人的情商高低。与同事关系处理得不好，不受领导的待见，常常稀里糊涂地得罪朋友，明明是好心却办成了坏事……遇到这样的人和事，我们通常会说，这家伙情商太低了，难怪会这样。

前阵子，朋友公司里新来的一位小姑娘提出离职，原因是同事们对她太冷漠了，她不喜欢这样的工作氛围。

朋友说：“这帮同事在一起共事三四年了，大家相处得挺融洽。其实问题出在小姑娘自己身上，太刻意地去讨好别人，和大家打成一片，最终却没得到热情的回应。”

朋友总结说：“一个真正高情商的人，不会一味地迎合别人。”

01 迎合和圆滑，都是假情商高

所谓情商高，就是会说话。不管是会说话，还是会为人处世，都在暗示着一个方向：和别人相处融洽。

似乎只有和其他人都能相处融洽，才能说明你这个人情商比较高。所以，很多人会将自己的八面玲珑或委曲求全，看成是“情商高”。

我是一个性格较内向的人，不善言辞，自然很羡慕那些能说会道的人：在饭桌上可以侃侃而谈，与只见过一次面的客户吃饭，却熟络得像一个多年的老友。

曾经有一次，我与公司的一位业务经理搭档招待甲方客户，我负责执行。对方来了两个人，一位是营销总监，一位是文案策划，与我们这边的人员配置一样。

大家坐下来聊得挺好，我们公司的这位业务经理是一个很会来事儿的人，说话圆滑，一晚上周总前周总后地叫，把对方的营销总监捧上了天，有几次我甚至听得有点想笑。

晚上回去的时候，我问他：“你觉得咱们这单子能成吗？”

他颇有些得意地说：“成了一大半，你刚没瞧见我夸他时，他笑得合不拢嘴的样子，过几天再约他们出来一次，基本就能妥了。”我当时真心觉得我这业务部的同事挺牛的，是个攻坚的能手。

后来，我们这单子没成，这消息我比业务部的同事早知道，因为对方的那位策划与我在聊天中提到了这件事。他说：“我们老大觉得你们公司那位业务经理说话太浮夸了，他喜欢与踏实肯干事的人合作，他这人工作很认真，所以年纪轻轻就成了我们这市场营销部的老大。”

我一听，这不是拍马屁拍到了马蹄上了吗？

文章开头提到的朋友公司的那位小姑娘，朋友说：“她一开始就给人比较有眼力见儿的感觉，很会来事。真没想到她会离职，更没想到她平时表现出来的那些所谓高情商的举动，都是为了迎合大家而做的，其实真没必要这样委屈自己。”

情商高的人，确实会让别人感到舒服，但同时也不会令自己不舒服。

02 真正的高情商，是会说又能做

如果别人都觉得你处世圆滑，如果大家都知道你这人很会来事，我觉得这不是什么高情商。一个真正高情商的人，并不会让别人察觉到他在玩套路，他有多圆滑，能够让别人感觉到的只有他的真诚。

很多人总是说的比做的多，说得好听，做得一般，这样就很容易让别人对其失去信任，进而产生反感。

我曾经也试图改变自己的性格，想要做一个左右逢源的人。当时就觉得一个内向的人，不善言辞，很难在社会上吃得开。但当经历足够多后，才发现，情商高的人不一定都是能说会道的人，但一定是会讲话的人，而仅仅会讲话还不够，还要能做事。

不必为了和一个抽烟的人打成一片就去学抽烟，不必为了陪客户喝得尽兴而酩酊大醉，不必为了亲近一个玩王者荣耀的人就去玩游戏，更没必要成为大家眼中公认的好人，不必刻意找话题和大家聊天……除非这些是你自己喜欢的，是你想要的，不然真没必要为了迎合别人，而委屈了自己。

真正的高情商，是双方的舒服，你不仅让别人感到舒服，你自己也很舒服。相反，牺牲自己的心情和心性来让别人舒服，都不是高情商者应该有的表现。

你没必要改变自己的性格，你需要改变的是你的能力。你如果不会说话，可以尽量少说话，但一定要能做事情。不管是工作还是生活，都是靠本事吃饭。当你能够为领导办好事情的时候，老板自然会器重你；当你的能力比同事强大时，自然会有人聚到你身边。

拒绝玻璃心，将批评当礼物

一生中，你永远不知道自己会遇到什么样的人，这就是人生精彩的地方。

有人明媚阳光，大大咧咧；有人敏感脆弱，一句话就可能让你们的关系戛然而止。

有一次我与朋友喝酒聊天，他讲了一个倍感无奈的故事。朋友来自农村，如今混得不错，是一家公司的高管。前阵子，他老家的一位亲戚打来电话，希望朋友帮他孩子在公司里安排份工作。朋友说："如果孩子的学历够得上公司的要求，只要能进来，我肯定会多加照顾。"

后来一问，孩子的学历是专科，而朋友公司入门要求是本科及以上的学历。朋友在电话里解释说："学历不够，这事就比较难办了，毕竟我也是在这里工作，并不是老板。"

电话那头传来一个年轻的声音："爸，别说了，人家觉得我学历不够，听不出来吗？"

亲戚又再次确认了几句，知道肯定没戏后，颇为失望地挂了电话。

过了一阵子，老家的父母打来电话，责问他为什么不肯给亲戚安排份工作。

原来这位亲戚和他的孩子逢人便讲："他现在翅膀硬了，那么大的公司，安排一个人进去这样的小事情都不肯帮忙，还拿学历来搪塞，这不是明摆着看不起人吗，谁信他们公司的人都是本科生啊？"

实际上，那次通话结束后，朋友将这位亲戚的事儿放在了心上，自己公司因为有门槛的限制进不去，他通过关系联系了其他公司，看是否有合适的岗位。就在老家父母打来电话后的第三天，一家公司给朋友回应了，有个比较好的岗位现在正补招一个人，让他老家的那位小亲戚赶紧过来。朋友婉言感谢了对方的好意，说这孩子已经找到工作了。

朋友对我说："并不是因为记仇，而是觉得这样一个玻璃心的人很容易在公司里干不下去，与其他人闹出矛盾，最终也会让我跟着陷入尴尬的境地。"

01 拒绝玻璃心

有些人总觉得别人看不起自己，一句话、一个举动就能伤害到他脆弱的心。

有一颗玻璃心的人很多，每个人身边或多或少都会有这样的朋友、家人，甚至你自己就是这样的人。因为别人的一句话，就能生气半天；三个人坐一起聊天，另外两个人之间说话多了一点，就觉得自己受到了冷落；发信息时别人回复晚了，就觉得这个人对自己不尊重……明明在别人看来是一件普通的小事情，到了有玻璃心的人这儿，就会被无限放大，发酵出很多可怕的事情。

有一天深夜，我在回复读者的留言，突然跳出十几条一模一样的消息，内容是："我现在心情很不好，今天真是太糟糕了，你能给我点建议吗？"

我想，她肯定是遇到了很大的事情，不然怎么会如此心慌，一下子发这么多条信息。通过聊天，我才知道她心情不好是因为今天被领导骂了，而且中午同事没有叫她一起吃饭，她觉得职场真是一个地狱，没有一个好人。

我问她："你被领导骂是不是因为工作没有做好？"

她说："是的，但那又怎么样？工作没做好，我可以重新做，不能骂我蠢货吧，这太伤自尊了，太不懂得尊重人了。"

我又问她：“你和同事去吃饭，是每天都一起去吗？”

她回答道：“不是的，有时候会一起去，但是我今天很不开心，她们知道我被领导骂了，也不过来叫我一起吃饭，更没有安慰一下我，平时说把我当好闺蜜看，说得多好听，一出事还不是躲得远远的，现在的人真是太势利了。”

我思考了几分钟，知道她不会喜欢听我接下来要说的话，但我仍觉得有必要说出来。正在这时，她发来信息：“你还在吗？”

我说：“在。姑娘你有没有想过，你的不开心其实是因为你自己呢？有自尊心是好事，但过度强调自尊其实就是自卑了。你工作没做好，领导骂你几句很正常；同事没叫你一起吃饭也很正常，不管她们是不是有意为之，你都没有理由为这样的事情而生气。你太敏感了，我相信你时常会有这样不开心的遭遇吧？”

她很快就回复我了：“你们就是站着说话不腰疼，你被别人指着鼻子骂试试。”

我当时真的有点懵了，我知道她不会喜欢听，但没想到她会如此激动。

后来，她所需要的建议我根本没办法提出。一个人，如果认识不到自身的问题，那么别人的意见，他也只当是耳旁风。不管如何，我希望这样的话，能让她有所思考。

优秀和平庸之间，隔着的往往不是别人，而是自己。玻璃心的人不管是工作还是生活，都将会越走越艰难。

因为本来面前只有一个小坑，完全可以一脚迈过去，但他却停下来纠结这坑为什么会出现，里面到底有什么，然后越挖越大，结果被自己挖的深坑困住了。

02 将批评当礼物

逆商越高的人，越容易接受批评的声音。

每个人都喜欢听好话，对于那些溢美之词，不管是真心还是假意，大多数人都会欣然接受；而对批评的声音，很多人却难以接受，有些人甚至会恼羞成怒。

如果你想成为一个更加优秀的人，就别拒绝那些让自己变得更好的批评。相反，你应该感谢这些批评的声音，感谢指出你不足的人，甚至是让你难堪的人，这些人才是你生命中的贵人，才是能够让你变得更好的人。因为，如果对方不是关心你，不是对你有所期望，就不会指出你的缺点。

大多数人被批评，心里都会或多或少地感觉不痛快，觉得没有面子，这是很正常的心态。聪明成熟的人，会弱化这样的情绪，更关心别人批评的内容。

如果每次都拒绝别人对你的批评，将改善自己的机会拒之门外，时间长了，就没人会再自讨没趣地提醒你，这时候看似耳根清净了，其实是让自己陷入了绝境。当你遇到问题，酿成苦果时，你不禁会问，为什么没人早点告诉我？其实早就有人告诉过你了，而你却拒绝了。

这世界上哪有什么完美的人？无论你现在有多优秀，肯定仍有上升的空间，没有最好，只有更好。被人批评几句不丢人，真正丢人的是你一直没有进步。

听到批评的声音，你需要做两件事：一是用实际行动，证明你是对的；二是虚心接受别人的建议，思考问题的本身，然后变得更好。

越优秀的人，越懂得尊重人

一天中午，和朋友在一家餐馆小聚，那是一家我们常去的川菜馆，口味正，老板人也不错，生意总是红红火火。

由于到了饭点，餐馆里的人很多，这时邻桌的一个小伙子估计等得有些不耐烦了，大声地说："老板，菜快点撒，还让不让人吃饭了？"

老板赶紧跑过来，给他们每人递上一根中华烟，连连赔笑道："真不好意思，中午人太多了，菜马上就来。"

这时，桌上的一个光头男说话了："看你也是个老板，没这个能力就别安排这么多桌椅啊，要不是听人推荐说你们家菜好吃，我们今天还真想把这店给砸了！"

说完，把手里那包还剩几根的中华烟晃了晃："这烟就当补偿我们了，菜快点。"

这一幕让我想起了陈浩南的电影《古惑仔》里的台词：叫嚣的永远是那些喜欢借着别人威风装厉害的，实际上混得不好的马仔、小弟。

真正厉害的人，反而说话斯文，也懂得尊重别人。

01　层次越高的人，越懂得尊重人

记得我刚开始接触业务的时候，有一次需要去拜访甲方公司的营销总监张总，当时我心里还是怯怯的，生怕自己出洋相。

我提前五分钟赶到甲方公司，由前台接待领我去了张总的办公室。他看见我来，立刻从座椅上站起来，说："坐坐，外面挺热的吧！"然后便让前台送了杯果汁进来。

我虽有些拘谨，但这样的气氛让我放松了很多。从我们公司的服务项目到双方合作的具体操作细则和前景，我们越聊越畅快。

聊天期间，进来一个人，是这里的执行策划王经理，他来给张总送材料。我起身和他打招呼，他显得有些错愕。其实，在这之前我和这位王经理有过一次接触，那是第一次来他们公司拜访，前台将我带进了他的办公室。我笑着跟他问好，他却从头到脚都散发着傲慢的气息。

临别时，我说：“麻烦将你们公司的资料发我们。”

他满口答应说：“回头发。”可过了两天也没发来。后来，我又催了几次，却一直都没有下文，便明白这是个不好伺候的主儿。

这次，能直接约到他的领导张总面谈，是我通过其他渠道联系到的。所以，他错愕也不难理解。

张总说：“原来你们认识啊，那更好，小王你今后要多多配合，我和这小老弟相见恨晚啊，他们这平台我还是挺看好的。”

我回答道：“我和王经理之前接触过一次，对接得还不错，以后就要麻烦王经理指教了。”

王经理笑着说：“一定一定，我们对接得挺好。”

从那以后，我们在工作上对接起来顺畅了很多。

02 以貌取人，你会失去很多

一位熟识的销售培训讲师年底去一个地产项目开课，就在开课的当天下午，发生了一件平时可能只会在新闻报道中发生的事情。

这个地产项目在所在的城市有点名气，当时正在销售几栋精装修的高层住宅，另外还有一些写字楼和沿街商铺。

当天下午，一个衣着普通，年纪约莫五十岁的大叔走进了售楼中心。因售楼处的来访客户较多，销售人员都是挑人接待。这位大叔由于其貌不扬，气质不佳，乍一看没有购买力，更别说是写字楼和商铺了。

这样的客户，一般是新人接待。所以，由一位刚入职没几个月的小伙子接待了这位大叔。后来才知道这位大叔是做水产养殖的，承包了很大的一片水域。他看现在市场行情好，再不买房子怕以后房价更贵了，所以一下子入手了三套房子，三套商铺，分别给他的三个子女一人一套。

这样的情况在一线销售中是经常会出现的，因为以貌取人，最后损失了一笔很可观的提成收益，典型的聪明反被聪明误。

以貌取人，不懂得尊重别人，最后连工作都丢掉的案例也是有的。

这是一个可能很多人都已经听过的故事，很有代表性。有一位女士带着孩子去公司，孩子一直流鼻涕，她就拿出纸巾给他擦鼻涕，然后随手便把纸巾丢在了干净的地上。这时在旁边打扫卫生的老人走过来把纸巾捡起来放进了垃圾桶，什么也没有说。

没过一会儿，女士又把一团纸丢在地上，老人还是静静地把它捡起来放进了垃圾桶里。当女士第三次把纸丢在地上时，老人依然没有说什么，还是把它放进了垃圾桶里面。

这位女士瞥了一眼老人后对儿子说："如果你不努力学习的话，长大后找不到工作就会像那个人一样，干这些肮脏的活，被人瞧不起！"

老人这时候走过来说："这里是 xx 公司，只有职工才可以进来，请问您是怎么进来的？"

妇女很自豪地说："我就是公司营销部的经理！"

老人听了，拿出手机拨了一个电话，随后便过来一位中年男人，老人说："我建议你重新考虑一下营销部经理的人选。"

中年男人毕恭毕敬地回答："好的，我会慎重考虑您的建议。"

原来，那位"清洁工"是公司的总裁。

最后老人蹲下来，微笑着对孩子说："孩子，人不光要懂得好好学习，还要学会保持环境卫生，更重要的是要懂得尊重你身边的每一个人！"

尊重别人，别人才会尊重你。一个真正成熟的人，必定是一个懂得尊重他人的人。

商场里，越是经验老到的优秀销售员越不会逼着你买，他们不会因为你不买东西而当场对你摆臭脸；你去大医院里看病，挂号处的人几乎没有一个好脸色的，仿佛全世界的人都欠他们钱似的，但那些专家医生却态度温和，很有礼貌。别说挂号处很忙，所以他们才会那样，专家医生也不轻松，从就诊到结束，除了上厕所就没有休息过。

杜月笙说过："一等人，有本事，没脾气；二等人，有本事，有脾气；三等人，没本事，没脾气；四等人，没本事，大脾气。"

这就是一个人的修养问题，越是能干的人，越只会认真做事；越是无能的人，越会在情绪上计较。

做一个有修养的人，做一个懂得尊重别人的人，你会因此得到更多。

情商高，就是把情绪控制好

真正的高情商表现，是将自己的情绪控制好。

一个人最应该掌握的能力，其实就是控制好自己，控制好自己的情绪，控制好自己的行为。

而一个能将情绪控制住的人，必然不是一个平庸的人。

电影《教父》里面有一句很著名的台词：永远不要让家族外的人知道你的想法。

情绪易于波动、喜怒轻易形于色的人，与其说是坦率，不如说是缺乏内心历练。

老教父的大儿子桑尼违背了父亲的教条，冲动鲁莽最终被人用枪射成马蜂窝。而小儿子迈克喜怒不形于色，遇事沉着冷静，在医院保护了父亲，在餐厅报复了凶手，甚至甘愿在离家万里的西西里隐藏数年。

在该隐忍的时候隐忍，在该爆发的时候爆发，这是一个人成熟的标志。

01 即使控制不住情绪，也要学着控制

周宣王很喜欢观看斗鸡，有人从外地送来一只很强壮的斗鸡给他，周宣王很高兴地将它交给善于培训斗鸡的纪渻子。

过了几天，周宣王问纪渻子："几天前交给你的斗鸡，你训练得怎么样了？可以上场比斗了吗？"

纪渻子说："还可以，但这只鸡血气方刚，斗志昂扬，还不宜上场。"

再过几天，急性的周宣王又问同样的问题，纪渻子回答说："还不能上场，因为这只鸡看到其他鸡的影子，就会冲动，所以还不能上场。"

又过了几天，周宣王再问。这回，纪渻子便说："可以了！因为当它看到其他斗鸡，听到它们的声音时，一动不动，它的心已不受外物所动，就像木鸡一样，现在可以上场了！"

于是，周宣王便让这只鸡去参加斗鸡比赛，它一上场就稳稳站立，毫不摆动，即使其他斗鸡在它身边百般挑衅，它仍然无动于衷，用眼睛注视对方，对方被吓得自然后退，没有一只鸡敢向它挑战。

人生中的强者也是如此，将自己的情绪控制好，不受外界的人和事干扰，往往这样的人所展现出来的气场和战斗力是令人震撼的。

所以，你即使再控制不住情绪，也要尝试着去控制。这是一项技能，可以慢慢地来改变和提升自己。

那么如何来训练自己控制情绪呢？

每个人的习惯爱好并不一样，但归根结底就是要让自己冷静下来。

大圣人孔子，直接就是“恕”字待之，恕己恕人，如果你达不到这么高的境界，那么就找一件喜欢做的事来转移和发泄自己的情绪。

清代作家李渔的方法是写字，写字能静心，所以现在很多比较成功的人在办公室里都会摆上一个书桌，练练字、写写画画，修身养性。

扬州八怪之一的才子郑板桥在受官场挤压、郁郁不得志时，就提笔画竹，画完以后，心里舒坦了，画技也越发纯熟，一举两得。

我有一点总结就是，越是学识高的人，越不容易生气，也许这就是满瓶不动半瓶摇的道理吧！

02 遇事时的几点建议

遇到急事的时候，慢慢说。越急躁越冲动，冲动是魔鬼，这时候做出的决定、说出的话很无脑。

小事情，可以不说，也可以幽默地说。生活和工作中遇到的一些小事情，你可以选择沉默，如果很想说，那就在笑谈中表达自己的观点。

没有把握的事，掂量着说。最牛的人莫过于是将吹过的牛都实现了，如果你没把握，就不要随随便便答应别人，也不要轻易发表言论，给人希望最终又办不成，这种感觉很糟糕。

没有发生的事，不要瞎说。造谣生事，是很讨人厌的，如果一旦别人追究，最终被打脸的结局很惨，你的人品也将被打上一个大大的问号，得不偿失，所以一定要管住嘴。

负能量的事，别见人就说。别见人就吧啦吧啦将自己的一些糟心事说给别人听，你想换来的是理解和安慰，听的人也许当成笑话看。这并非一种成熟的表现，你可以对知己说，对最亲的人诉说，但别见人就说，这会显得你情商很低。

家里的事，商量着说。一个人不成熟的标志就是和家人、跟自己最亲的人，无谓地争长短、论输赢。

情商高的人，一般都能控制住自己的情绪，必定也是一个会说话的人。

ADVERSITY

QUOTIENT

第三章

你有多自律，人生就有多美好

如果说，一个人的想法是0，执行力就是1。从0到1，是最关键的一步。没有这一步，你永远是0。我们大部分人在最开始的时候，成长差距都是差不多的，真正跟别人拉开差距的，不在于其他，就在于行动力。没有执行力，再好的计划也只是纸上谈兵！

不自律，毁半生

真正让一个人变好的选择，过程都不会舒服。

我曾与一位朋友打赌，如果一个暑假的时间内他成功减去 20 斤的体重，就算我输，赌注是 2000 块钱。

其间，由于大家工作都比较忙，不是经常联系。有一天，这小子屁颠屁颠地来找我，我真的被惊到了，整个人瘦了一大圈。我把他往家里的体重秤上拉，结果更让我惊讶不已，两个月的时间，他竟然足足瘦了 30 斤。

我说："你吃药了吧？"

他白了我一眼："不管吃没吃药，反正你是输了。"

我乖乖地从微信上转了账给他，晚上还请他吃饭，我真的很好奇他是怎么瘦下来的。点菜的时候，他说："你少点几个，我已经变了。"

我以为他开玩笑，依旧两个人点了四个菜，结果他真的吃得很少，害得我这个见不得浪费粮食的人，最后吃得差点撑爆肚子。

后来，他透露了减肥成功的秘诀：自律、坚持。每天早餐正常吃，中午少吃一点，晚上几乎不进食，一杯牛奶或一点水果就打发了，再美味的东西放面前，也得控制住自己不去碰。每天去离家不远的学校操场跑上十圈，如果下雨天就爬楼梯，每天都爬十个来回，两个月来从未间断。

这让我想起一句话：一个人有多自律，人生就有多美好。

很多人迷茫焦虑，工资不高、事业不顺，人生越走越糟糕，归根结底都是败在了不够自律上。

01　间歇性踌躇满志，持续性混吃等死

我曾经历过一段非常舒服又无比焦虑的日子。那时候，我刚刚大学毕业，进了一个只有四五个人的小公司，老板是个富二代，时常不来公司。所以，我们这帮人上班很舒服，没有人管，随便做什么都行，公司业务也不多，一般用两个小时就可以做完当天的工作，然后就自由活动了。加上都是年轻人，聚在一起，自然就是玩游戏、打牌，那时候我们经常玩 DOTA，组队杀得很开心。游戏的魅力在于，一个人在现实中即使混得不好，但在虚拟的游戏世界里依然可

以成为一个王者。

白天在公司玩游戏，晚上回到出租屋里继续厮杀，玩累了就开始追剧、看电影或钻进被窝抱着手机看小说，反正一刻都不会让自己闲着。

因为只要闲下来，就会胡思乱想，就会感到焦虑和迷茫，甚至有些讨厌这样的自己。那段时间，我整个人的状态都很糟糕，玩得越开心就越心慌。

可怕的不是堕落，而是在堕落的时候非常清醒。

明明知道这样做会毁了自己，会让自己的生活变得越来越糟糕，头脑足够清醒，但情况照旧。

不是没想过改变，也试着去关闭手机，远离电脑，但总是坚持不了多久，熬夜如吸了鸦片般难以克制。

间歇性地踌躇满志几天，然后继续持续性地混吃等死。

曾经的我背得了文言文，解得了微积分，看得懂电路图，也能飙几句英文，明明比较出色的自己后来却成了一个只会抱着手机玩的懒胖子。

02 优秀的人，自律是基本素养

自律的人不一定都优秀，但优秀的人大多都很自律。

李嘉诚再忙也会坚持每天看书，即使到了八九十岁的高龄也是如此；柳传志永远不会让自己迟到，凡事都会提前一会儿。

冯仑曾说："王石的成功来自于自律，他与其他人最大的不同，就是能管住自己。"

大家一起去登山，其他人在作息上很不规律，累的时候就早早睡觉，聊得高兴就八九点才睡。王石不一样，无论当时聊得多高兴，说几点进帐篷，到了点肯定进帐篷休息，因为他要保证足够的休息时间，不然第二天体力不够。山上进餐可不像在城里，不是什么都能吃到，有些东西不好吃，有的人宁愿挨饿也不碰，但他不管多难吃都往下咽，因为这样才有力气继续爬上去。

王石从 47 岁开始爬山，用了差不多五年的时间就登上了七大高峰和南极点、北极点，这项记录很多专业的登山运动员都破不了。

自律，其实就是自我管理。想减肥，就得把自己的嘴管住；想成功，就得把自己的心管住。

小时候，我们都听过小猫钓鱼的故事。如果做一件事不够专注，总是三心二意，结果肯定不会好，这是孩提时就一直在听的道理，但很多人到老都做不到。

人这辈子，说长也长，说短也短，每个人都有选择自己生活方式的权利，但不同的选择往往带来的是截然不同的人生。

你可以选择毫无顾忌、随心所欲地活着，周末睡到自然醒，上班“摸鱼塘”、下班“葛优躺”。这样时间久了，就很可能是身材肥胖、事业无起色、迷茫焦虑却又懒得折腾，日复一日，年复一年，彻底沉沦。

你也可以选择做一个自律的人，坚持早起、锻炼、控制食欲和体重，有时间观念，工作有规划，知道什么事情该做，什么事情不能做，每月读几本书，保持家里整洁。这也是一种人生态度。很显然，能做到这样的人更有机会成为行业的精英。

优秀的人生可能会迟到，但从不会缺席。

没有执行力，一切都是空谈

这个小故事，挺有趣，也挺耐人寻味：

有一群老鼠开会，研究如何应对猫的袭击。有一只很聪明的老鼠想到了好主意，在猫的脖子上挂上一个铃铛，只要猫一动，铃铛就会响，这样大家不就可以提前知道猫来了吗？

大家都觉得这主意不错，但是问题来了，谁去给猫挂上这铃铛呢？

我们总是计划得很美好，目标定得很具体，但落地执行，却一塌糊涂，最终只能是不了了之，黯然收场。

没有执行力，再好的计划也只是纸上谈兵。

01　执行力差，会失去很多

为什么曾经一起挤地铁、租房子的人，几年之后差距会那么明显？

很大一部分原因就是执行力不到位，混日子的人太多，执行力差是场灾难。

领导安排一项工作，下面的人总是打折扣地完成，反正都是在这里混日子嘛，多一分钟舒服就是赚的。久而久之，企业就会衰败，然后面临裁员，本以为能端一辈子的饭碗突然碎了一地，人到中年，这样的打击是很残忍的。

其实，我们大多数人的条件和资质是差不多的，智商都在 120 左右，都是不到 180 厘米的身高，都不超过 200 斤，谁比谁差啊？

真正的差距在哪儿？就在耐力和执行力上面。

有两个男生同时喜欢上一个很漂亮的女生。

一个说："唉，这女孩这么漂亮，一定有很多人追吧，估计我也很难追到。"

另一个男生厚着脸皮上去问了女孩的号码，接下来就是各种献殷勤：下雨天拿着伞在楼下等她下班，带她去尝遍美食，陪她去想去的地方……

后来，女孩儿和第二个男生顺理成章地走到了一起。

第一个男生就一定比第二个男生的条件差吗？未必。但第一个男生没有第二个男生执行力强，在行动方面，第一个男生完败。

我们都羡慕朋友圈里那些前凸后翘、有马甲线的人，也兴致勃勃地去办了张健身卡，发誓要练出腹肌，要有一个好身材。但现实啪啪打脸，大多数人去了几次健身房就不去了。

在电视剧《亮剑》里有一个细节，李云龙和政委商量挑选会功夫的战士，搞一个特别小队出来。政委说，这主意不错，这事你尽快去办。李云龙桌子一拍，不用尽快，我现在就去办。

这就是李云龙带的部队有战斗力的原因，说干就干，从不拖泥带水，从上到下，都受他的影响。

而我们即使有好的想法和具体目标，也时常会说，等明天我就开始，等有钱了我要怎样，总是在“等等等”。

其实，你今天的结局，都是昨天选择的结果，没必要抱怨这个时代和社会，要怨只能怨自己的不作为。

02 如何提高执行力

那些比你成功的人未必比你聪明，也未必有你“勤奋”（一直在做低效的假勤奋），只是他们比你执行力更强。

那么，如何提高自己的执行力呢?

这是一个大家都很关心的话题。明明决定工作和学习了，仍时不时地去看看手机，跟吸了鸦片一样，相信大家也很讨厌这种不受控制的感觉。

想要提高执行力，建议大家分几步走：

思考为什么要做这个事

其实，很多人做事情并不是自己想去做的，可能受到了某个人或某件事的触动和影响，然后一时冲动就做了决定。比如跑步、学英语、看书……

听到别人说自己胖了，决定要减肥，过两天人家不说了，自然而然就放弃了。

冲动下做的决定，成功率是很低的，因为你并不是很渴望去做这件事。所以，别在冲动的情况下做决定。

做事情之前，先思考自己到底为什么要做这件事，有多大的决心。决心有多大，成功率就有多高。

将目标细化分解

当有了决心和目标之后，就要具体落地实施。为什么很多人即使有了目标，规划得那么好，但执行力却不到位呢？很可能是不知道怎么去实施这个目标。还是以常见的减肥为例，你光知道要练出马甲线，但不知道从什么地方开始着手，显然也是没用的。

这是一个很多人都会犯的通病，只有一个大目标，没有将其细化分解，很容易最终不了了之。

我们可以将目标分解到一天、一个星期、一个月、半年。比如今天我要跑几公里，早上起床就告诉自己；这个月我要签单几个客户，月初的时候就提醒自己。

眼界可以放远一点，但做事情就别想那么远。别总想一年后要怎样，先把眼前的几分钟做好，就已经很不错了。

要学会刺激自己，并不忘梦想

在执行分解的小目标时，最容易出现的就是三天打鱼，两天晒网。因为大多数人已经习惯懒散了，突然变得自律不太可能，除非真的是有刀架在你脖子上。

很多人喜欢看鸡汤文，其实就是在找可以刺激和激励自己的精神食粮，在松懈的时候给自己提提神。适当地看点鸡汤文是有益的，当然并不只是喊口号，而是应该从文字中学会思考、反省，慢慢地改变自己懒散的习惯。

人应该有梦想，比如成为作家、画家、富人、歌手或者只是想要有一个温暖的家。这些都是梦想，在自己懈怠的时候想想心中的梦想，在工作和学习的地方贴上一些字条提醒自己，手机的屏保上写上自己的梦想。让自己时刻保持警醒，坚持半年，就会变成习惯，刻在你的骨子里。

有时候看到一些人的状态，挺替他们着急的，明明可以有一个很不错的未来，却在荒废日子，践踏自己的天赋。

别抱怨自己过得不好，你执行力差，做得不到位，心里没数吗？

想做一件事，就动起来。时间不等人，机会也不等人！

今天偷的懒，明天都将还回来

小说《晚秋》里有一句话：你以为的巧合，不过是另一个人用心的结果。

01 今天的幸运，是昨天努力的结果

这让我想起了同事老张，老张的爱人是位大学老师，人很漂亮、知书达理。

有一次聚餐，聊到情感和婚姻，有人起哄让他讲讲是怎么追到他爱人的。老张不太好意思说，一直在傻笑，反倒是他身旁的爱人大大方方地笑着说：“老张这个人太有心机了，我被他给‘骗’了。”

他们第一次见面是在地铁上，老张不知道路，就随便问了一个人，这个人就是她。两人交谈了几分钟，老张很憨厚，也很有

礼貌。

没过几天，她坐在一家咖啡店里静静地看着书，又偶遇了老张，结果他非要请她喝咖啡以表谢意。这一次，俩人聊得很投机。

再后来，这样的偶遇越来越多。下雨天，她在学校门口都能遇见老张，她隐约感觉到了什么。

一年后，他们很自然地走到了一起。

她笑着说：“从地铁里的那一次见面开始，他就在织一张大网，慢慢地把我给套进去了。”

看得出来，老张对她很好，两人的感情也很好。周边的人都说工资不高的老张能娶到一个漂亮的大学老师，运气太好了。

其实，这世界上没有多少幸运的人和事。很多表面看似幸运的人，都作出了别人看不到的努力。

所以，今天的幸运，其实都是昨天努力追求的结果；今天的不幸，都是昨天荒废时光而种下的苦果。

02　你不努力，谁也给不了你想要的生活

前段时间，一个朋友让我帮忙给她介绍份工作，我当时很诧异她为什么要换工作，因为她的工作在旁人眼里很好。

首先，没有领导管。领导经常不在公司，偶尔还会请大家吃吃饭；其次，因为她所在的公司是一家上市集团的分公司，意图铺网点，没有业绩考核，所以员工的工作量很小，没什么压力；最后，也是最让人羡慕的一点，员工的薪资待遇很好。

所以大家觉得她真得很幸运，能找到一份这样的工作。而我在听到她想要换工作时，当然也想不通。

我很好奇地问她："为什么要换工作？"

她发来一个苦笑的表情，随后说道："不是想换工作，是公司开始裁员了。"

也就是说，她要失业了，所以才开始寻找下一个落脚点。

我问她："你会做什么，想做哪方面的工作？"

她想了想，回复我说："好像什么都不会。"

这句话，让她自己也惊讶了。她说："从来没有这么焦虑过，大学毕业几年了，我竟然什么都不会，这些年都在这家公司混日子了，荒废了几年的大好时光。"

我一时也不知道说什么好，但还是给她推荐了两家公司，都是做着简单工作的职位，待遇也还可以。可最终被她婉拒了，她觉得自己不能胜任，怕给我添麻烦。

其实，很多人都是如此，平常过着潇洒的生活，上班偷懒，下班玩，一旦遇到困难了，除了抱怨人生为何如此艰难外，什么也做不了。

03　别在该奋斗的年纪，选择了安逸

我很喜欢一句话：今天的努力，就是希望以后不会因为钱向谁低三下四，不会因为钱而去为难别人，委屈自己。

这个世界很公平，你今天偷的懒，明天必将会还回来。

我接触过一位英语老师，她这样描述一些恨铁不成钢的学生：在课堂上，该学字母的时候不好好学，开小差、看小说、玩游戏，等到后面学单词不会音标的时候，又不得不把前面学得不好的基础一个个重新补回来。在该学的时候不认真，非要等到需要用的时候才去恶补，有些人甚至会直接放弃。

别说这些学生，很多成年人又何尝不是这样呢？

在入职的时候，就已经知道这个岗位需要学会哪些技能，也买了相应的书籍和课程。每次拿起书本才看一会，就想着去刷微博和朋友圈，总认为时间还多，现在玩一会还来得及，明天再奋斗也不迟。

但明日复明日，明日何其多，我生待明日，万事成蹉跎。“懒人嘴里明天多”，说的也就是这个意思吧。

只有当工作中真正需要用到的时候，你才火急火燎地去学，那时候就会发现，一口是吃不成胖子的，所谓的速成也只不过是了解个皮毛而已。

眼看着别人很出色地完成了领导交代的工作，看着别人一步步地升职加薪，走着你梦想的路，而你唯有空悲叹。

今天的你看似工作轻松，活得潇洒，其实这才是最大的危机，在本该奋斗的年纪，过早地选择了安逸的生活方式。当你真正年老的时候，你将会为年轻时的不努力付出代价，慢慢地品尝苦果。

为什么很多人到了35岁甚至40岁时依旧迷茫，虽然工作了很多年，但依旧身无长处？

因为这样的人一直以来都是那种敲钟的小和尚，得过且过，怎么可能有所成就？在他们的眼中，所谓的奋斗，只不过是熬过上班的那八九个小时，仅此而已。

在可以拼的年纪，做事别犹豫；在可以享受的年纪，回忆起来别后悔。迷茫的起因，多是你在虚度这美好时光。

有没有混日子，就看两点

远行的路上，两匹马各自拉着一辆货车。一匹马实诚得很，朝着目的地卖力地走着，另外一匹马跟在后面慢悠悠地晃着。

于是，主人就把后面一匹马拉的货物搬了一些到快马的车上，慢马看了很高兴，走了一会，故意走得更慢了。后来，主人把慢马拉的货物，全都搬到了快马的货车上。

浑身轻松的慢马暗自得意地说："它真傻，这么卖力活该被折磨，看我现在多舒服，还是我聪明。"

主人心里在想："既然一匹马就能拉车，我干吗还要花草料养两匹呢？"于是，回去后他就把慢马宰掉吃了。

在这个故事里，混日子的慢马最后把自己的命搭进去了。现实生活中也一样，如果你的价值可有可无，那么说明你离被抛弃的日子也不远了。

01　这个世界正在惩罚混日子的人

电视剧《士兵突击》里班长老马退伍前有句话："别混日子，小心日子把你混了。"

一位年轻朋友曾问我："家里人让我考公务员，但我不想考，家里人催得越来越厉害了，怎么办啊？"

在同他的聊天中，我得知他喜欢动漫设计，学的也是这个专业，已经工作两年，但家里人觉得在一个私企工作室里上班太不稳定了，所以让他考公务员。

我问他："你不想考公务员的原因是什么？"

他说："太稳定的工作，会让人废掉，我不想过那样的人生。"

最终我建议他，按照自己的想法来，制定出短期的目标和未来五年的职业规划，然后给家里人看，如果你能够拿着高工资，能够有一个很好的发展方向，家里人就不会再为你的事操心。

再来说公务员，很多人对此职业有着偏见，认为在体制内的人就是混日子，真的不能这样一棒子打死，体制内，稳定的工作也有很多不混日子的人。

我们不妨换个思路，如果你是个混日子的人，难道你不当公务员就不会混日子了吗？

并非如此吧？私企、外企里“做一天和尚，撞一天钟”的人也有很多。

混与不混，其实与你做什么工作，在什么样的环境里没有直接关系，关键在于你自己。

02 混什么也别混日子

一个人到底有没有混日子，看这两点就知道了：第一，学不到东西了；第二，认识的人都和自己水平差不多。

刚进公司的时候，我们可能像个傻瓜一样，这也不会，那不懂。但时间长了，你也熟悉了流程，做起来也得心应手了。

如果你觉得自己现在能完全应付工作了，每天只需要花半天的时间就能把工作做好，那么其实这是一种比较危险的状态。

你可能会为了让老板觉得自己比较忙，明明半天的活，磨磨蹭蹭到下班才做好。这期间，你更多的时间是在刷微博、看朋友圈、聊天……

有些公司的管理不严，老板不在，很多员工就抓紧把工作做好，然后明目张胆地追剧、看综艺、玩游戏。

你能熟练完成目前的工作不假，但学不到东西，没有提高也是真的。沉迷其中，没有对未来的打算，这就是混日子的一种表现。

其实，你在公司里混日子，老板的损失事小，你把青春混没了才是大事。

还有一种判断的标准，你的朋友圈，你身边的人都是和你差不多层次的人，也就是说你结交不到更高层次的朋友或人脉。这也说明你在混日子，如果你在不断提高和成长的话，你的圈子和人脉也将随之改变。

一个人所处的圈子真的是可以反映出这个人的层次和努力程度。

如果你所处的圈子里找不出几个比较牛的人，说明你很平庸，牛人总是和牛人在一起玩，而你显然不是。

重要的是，平庸的圈子是刺激不到你去努力的。放眼望去，大家都差不多，人家能过，我为什么要那么辛苦地去折腾？

这样的结果就是，你要为自己的平庸买单，就是特别容易被取代，因为你实在太普通了。提涨工资，没那硬实力，工资涨不涨得看老板心情，因为他根本不在乎你能不能留下。换工作，发现工资也不高，因为你的平庸导致你所处的岗位属于基层，竞争力差、工资低。

所以，这种局面挺尴尬的，也确实很危险。

安全感从来都是自己给的，而不是公司给的。再大的公司也会裁员，再稳定的工作也会有动荡。

很多时候，想做的和难做的，往往是同一件事，只是你在混日子，没有去做罢了。

记住：混什么也别混日子，小心让日子把你给混了。

为什么道理都懂，执行力却很差

“明明知道很多道理，却依然过不好这一生。”这句话成了很多人深陷在沙发时的遮羞布，看似是自我嘲讽，其实是在自我保护。大有一种不是我做不到，而是没有去做，懒得做而已的味道。

孙正义说：“三流的点子加一流的执行力，永远比一流的点子加三流的执行力更好。”

执行力不到位，再好的规划也是纸上谈兵。诸葛亮再能掐能算，没有关羽、张飞这一干猛将执行到位，那也只是空话。

如果你想要过好这一生，知三分道理足够，重点在于后面的七分执行。

那么，为什么很多人道理都懂，却偏偏执行不到位呢？我认为主要有下面这两点原因。

01 诱惑不够，格局太小

其实知不知道一些道理，和执行力并没有太大的关系，只要筹码够吸引人，就会去做。比如看书这件事，很多人明明知道看书是有好处的，对提高自己是很有效的一个方法，但为什么买了很多书却一本都看不下去呢？

就是因为看书并不能立刻收到效果，接收不到反馈，只知道有好处，却不知道什么时候能得到好处，能得到哪些实质性的东西，所以就会很懈怠。

如果我们换一种方法，现在告诉你，在一个月内，你要利用工作以外的时间读完五本书，只要你看完了，就可以拿到五百万元的现金奖励，而且把现金都已经堆好放在那，还和你签了合同。

在这种情况下，你说你一个月能不能看完五本书？我相信别说是五本书了，就是十本你也会看完，利用一切可利用的时间。

但现实可能有这种好事吗？肯定不可能，如果有，我能看书看到对方破产。

成人世界里，没有谁会这样惯着你。那为什么有些人能够在得不到好处的情况下，坚持看书、学习来提高自己呢？

是格局，所谓格局，就是眼光能看多远。

格局大的人知道坚持提高自己五年、十年，以后人生发展会越来越好；格局小的人看不到那么远，光看眼前能不能得到好处，不能那就不学，浪费时间的事不想干。

一个人的格局形成，有诸多方面的原因，其中之一就是这个人的学识，往往学识越高的人，格局也大。

所以，还是要看书的，当你懂得的道理越多，思维结构就越成熟，也越容易提高执行力。

这就是为什么现在有一个很奇怪的现象：越是优秀的人，越喜欢学习，越努力提高自己；而越是平庸、需要去学习的人反而在荒废时光。

贫穷限制了想象，平庸限制了追求，你可以对照身边的人，仔细琢磨下是不是这个理。

02　有退路，没被逼到悬崖边

第二种情况就是，你的日子还过得去，你还有退路，你还没有被逼到一定的份上。

你不学习，不努力，一样可以过得不错。有房有车，岁月静好，大城市混不下去，那就回老家，背后还有父母支撑。

比如说减肥这件事，我们明明知道肥胖对身体不好，但为什么很多人迟迟没有付出行动来减肥呢?

因为减不减肥对你来说，并没有到生死的地步。如果医生告诉你，你太胖了，再不减肥，会有生命的危险，你会不会主动去减肥？

肯定会，因为你想活下去，你被逼到了一个不得不行动的悬崖边上。

有不少人说，年轻人就不应该买房，过着房奴的生活。我倒觉得年轻人应该买房，说白了就是要给自己一定的压力。你每个月有固定的贷款要还，这种现实的压力逼着你想办法挣钱，将工作做好，寻求更好的发展。

如果你的生活没有压力，你就不会想着去奋斗，人都是有惰性的，谁好好地想过苦行僧一样的生活？

工作累了一天，晚上回到家看看电视剧、综艺节目，乐呵呵地，再来点零食水果，这日子多舒服。谁都希望过这样的生活，但现实情况并不允许。

你今天舒服了，明天舒服了，等到三四十岁以后，你就不会舒服了。因为现实毕竟是残酷的，你需要用钱来支撑家庭，等有了孩子，这种需求会更强烈。

有句经常会被提到的鸡汤：你不逼自己一下，就不知道自己有多优秀。其实，人的潜能是很大的，你自己想一想，当你认真想做好一件事的时候，是不是特别有战斗力，而你往往也能获得一个好的结局。

而且这时候的你，心里也是挺佩服自己的，这种满足感和自信，会催生出更强大的你。比如你玩游戏，这一关很难，但是你过了，是不是感觉很有成就感？然后就会迫不及待地开始下一关更难的挑战。

人生也是如此，当你越来越自信的时候，你的战斗力也越来越强，执行力也越来越到位，这是一个良性循环的过程。所谓越懒越穷，越努力越幸运，就是这个道理。

知易行难，但再难也要做。你现在透支未来的舒服，将来怎么办？

认真思考这些话，然后制定目标和计划，赶紧开始行动起来。当你行动起来的时候，其实已经战胜了很多人，因为很多人仍旧未行动，这对你来说就是机会。

少点抱怨，多点行动

这是一个充满抱怨的世界，不管你走到哪，都能听到抱怨的声音：东西太贵，工作不顺，人生不易，婚姻不幸，子孙不孝，社会不公……遇到不愉快的事，碰到棘手的问题，在逆境之中，很多人通常都会抱怨几声，为什么要这么对我？

人是情感动物，抱怨是人的一种天性，是情绪发泄的一种方式，这很正常。但每个人抱怨的频率是不一样的，你可以仔细观察一下，那些经常抱怨的人，是一种怎样的人生；那些很少抱怨的人，又是怎样的一种人生。

在困难面前的抱怨程度，通常反映了一个人逆商值的高低。逆商越高的人，抱怨越少，行动越多，反之亦然。

01　总是抱怨，总有抱怨

虽然每个人都会抱怨，但爱抱怨可不是一个好习惯，越是抱怨不公平、不走运，那些倒霉的事就越容易找上门。

费斯汀格法则是美国社会心理学家费斯汀格提出的一个概念，大意是说生活中只有 10% 的事情是我们无法掌握的，剩下的 90% 都是因为你对这 10% 的反应而引起的。

丈夫早上洗漱时，将自己的高档手表放在洗漱台边，妻子怕被水淋湿了，就顺手拿过去放到了餐桌上。儿子起床后到餐桌上拿面包，一不小心将手表碰到地上摔坏了。丈夫心疼摔坏的手表，抱怨儿子做事怎么这么粗心，狠狠地打了几下他的屁股，然后冷着脸骂了妻子一通，抱怨她随便拿自己的手表。出于好心的妻子也很生气，就与丈夫对吵了起来。

一气之下，丈夫直接开车去了公司，快到公司时发现自己忘了拿公文包，里面有一份很重要的文件。他马上开车回家，可是出门时他连钥匙也忘了拿，家中也没人，他只好打电话让妻子赶紧回来一趟。妻子急急忙忙地往家赶时，撞翻了路边的一个水果摊，不得不赔了一笔钱才离开。

即使千赶万赶，两人还是都迟到了。丈夫挨了上司一顿严厉的批评，心情不好的他，因一件小事又与同事吵了一架。而妻子也因此被扣了当月的全勤奖，儿子这天参加棒球比赛，因心情不好发挥不佳被淘汰了。

在这个故事里，手表摔坏是其中的 10%，后面发生一系列事情就是另外的 90%。因为当事人没有很好地掌控那 90%，没有控制好自己的情绪，才导致了这一天成为“闹心的一天”。

因为一件不愉快的事，而引发一连串不幸的事。这样的案例在生活中屡屡上演，我相信你肯定也经历过。

之前我看过一个排名，关于职场上最应该被开除的是哪种人。排名第一位的就是爱抱怨的人，因为这样的人就是行走的负能量包，不仅自己没办法好好工作，也会严重影响其他人的工作状态。

我们来换位思考下，如果你是老板，你布置了一个任务，有员工在那抱怨，怎么事情这么多，怎么又要加班。你会怎么看待这个员工，有没有想把他辞退的冲动？肯定是有的。这就是为什么那些爱抱怨的人在职场上越混越差的原因，工作也做了，但不讨喜，这是最差劲的结果。

其实不管是在工作中还是生活里，大家都比较反感听到有人在自己的耳边抱怨，因为这种负能量会影响自己心情和状态。谁的生活都不容易，都凭一口气在吊着，你却在喋喋不休地抱怨这抱怨那，谁听了都不会舒服，所以这样的人慢慢地就会被大家疏远。

02 少点抱怨，多点行动

在这本书里，我提到过一个人——崔万志。他有一个很火的演讲：抱怨没有用，一切靠自己。

我觉得这才是一个成熟的人所应该展现出来的人生态度，也是一个逆商高的人应该做的事情。在困难面前，少点抱怨，多点行动。如果抱怨能够解决问题，那么你尽管去抱怨好了。但现实是，抱怨并不能解决问题，只会让你的生活更加糟糕。

小孩子，遇到不开心的事情，会哭、会闹、会撒娇，那是因为有大人会帮他解决，会照顾他；但是在成年人的世界里，谁会听你哭，谁会无缘无故地帮你？没有的，你只有靠自己解决问题。

有一头驴掉进了一个废弃的深井里，主人经过一番努力，也没能把它救上来，就放弃了，留下孤零零的它。驴很生气，也很伤心，抱怨自己真倒霉，掉到了陷阱里，主人又抛弃了它，更令它难过的是，每天还会有人往这废弃的井里面倒垃圾。

有一天，这头驴突然开窍了，不再抱怨，因为它发现即使抱怨再多，也不能帮自己重回地面，它决定在接下来的每一天好好活着。每次有人来倒垃圾，它就将垃圾踩到自己的脚下，并从垃圾中找一些残羹来维持自己的体能。随着脚下垃圾的增多，它离地面也越来越近。终于有一天，它靠自己重新回到了地面。

当你停止抱怨，去拥抱苦难，将困难踩在脚下，你的人生就会是另外一番天地。

不要抱怨自己为什么没有一个有钱的老爸，你不努力，不行动起来的话，你的下一代同样会这样想，我老爸为什么没钱，是不是他太懒了？

不要抱怨自己的学历低，那是因为你曾经没有好好把握时间学习，即使是这样，你现在开始行动起来提升自己的学历和能力也并不晚。

不要抱怨自己为什么没有遇到一个好老板，人家公司的老板多大方，多有人情味，你如果好好工作，以一种积极的状态去面对工作，你的老板也会如此对你。

不要抱怨为什么房价那么贵，因为没有用，它还是会继续涨，你只管老老实实地挣钱，有条件就买一套好了。

人生总是辛苦的，有太多的不如意会引起你的抱怨，但并没有多少事情值得你一直去抱怨。

你在弱小时，抱怨这世界到处不公平；但是当你强大时，你又会发现，世界其实也有公平的地方。它从不亏待努力的人，也不会亏待行动派。

记住这句话：逆商越高的人，抱怨越少，平庸者才爱抱怨。

行动起来，你就已经赢了一半人

和一个写小说的朋友聊天，他短短两三年的时间里竟然写了十几本小说，平时还上班，基本是利用休息时间来写文。

我问他："你哪来这么多的精力和热情？"

他说："一为梦想，二为生活。最主要还是为了生活，写小说能挣钱。"

聊了没一会，他和我说，先不聊了，要开始写小说了，最近正在写一本长篇小说。

他曾说过这样一句话："只有写了，才知道自己能写多少，写得怎么样，不写永远不知道。"成为一个作家可能是很多人的梦想，但大多数人最终不会实现，原因很简单：只是想想，不会付出行动。

人生最大的悲剧，就是整天在脑子里干大事，在现实里却变得畏首畏尾，浑浑噩噩度日。我信奉一句话：“别想那么多，干起来再说。”当你开始行动起来的时候，你就已经赢了一半的人。

01 先干起来，才会有机会

我在网上看过一个很精彩的段子：作为一个老板，你不能等有了感觉才开始接单；作为一个作家，你不能等有了灵感才开始动笔；作为一个员工，你不能等有了好心情才开始工作。

我在写稿子的时候，也时常不知道要写什么，但我仍然会打开电脑，随便码字，想到什么就写下来，写着写着就有了灵感。光坐在那想和打开电脑开始写，完全是两种状态。

我觉得人生的很多事都是如此，你只有开始着手干了，才知道要怎么调整，如何做下去。

导演李安当初在拍电影《喜宴》的时候，因为手头的预算不够，便犹豫要不要拍下去。侯孝贤导演知道后，便鼓励他说，没有谁在一开始拍的时候就有足够的资金，但只要你开始拍了，才可能有结果。

逢山开路，遇水搭桥，虽然困难总是不期而遇，但办法总是有的。

我认识一个漫画师，如今月入十万元，即使是在上海也已经算是高薪一族了。

三年前，他还是一个公司的普通职员，我接了一个项目需要找一位漫画师帮忙，正好他哥哥适合，便让他引荐。

那次合作，双方都很愉快，他后来对我说："原来这块儿的市场需求这么大，我也要去学漫画。"

我当时以为他就是见钱心起，随口一说。

一年后，他告诉我以后有漫画工作需要可以找他做，然后便发了几张作品过来，确实画得挺好。

我问他："这真是你画的？太牛了！"

他说："是的，这一年时间也没白费，下班后几乎所有的时间都用在这上面了，尝试了，才知道原来我还是挺有艺术细胞的。"

现实真是如此，你一直在嘴上和脑子里规划，永远也不会有结果。

02 别想那么多，先上路

我在一本杂志上看过这么一个故事：

有一个小和尚要出去云游参学。师父问他："你什么时候动身？"

小和尚说：“下个星期，路途远，我找人打了几双草鞋，等拿到了就动身。”

师父说：“不如这样吧，我来请信众捐赠。”

就这样，当天竟然有几十名信众送来了草鞋，堆满了禅房的角落，隔天一早，又有人不断地送雨伞来。小和尚就问师父：“他们为何要送雨伞来呢？”

师父说：“你既然要远行，路上肯定会遇到风雨，给你多准备点草鞋和雨伞，明天再请信众捐只船吧，你一路上肯定会遇到不少溪流。”

小和尚听懂了师父的话，他跪下说：“弟子现在就出发，什么也不带。”

不知道大家有没有这样的经历，在做某件事时下不了决心，认为这个要准备好，那个要准备好，美其名曰不打无准备的仗，结果却总是和机会擦肩而过。

其实，你所有的努力都不会白费，你所有的经历都会有意义。

真正的勇者，宁愿在 99 次的行动中总结失败的原因，也不会在 100 次的幻想中意淫成功。

有人说，灵魂和身体，总有一个要在路上。我觉得，梦想可以在天上，但脚一定要在路上，要走起来，脚踏实地地干。

现在很多人其实是很浮躁的，既不想付出努力，又想过上理想中的生活。遇到困难，就只会抱怨自己没有背景，抱怨自己没有人脉，没有一个王健林这样的爹，其他人的成功都是因为关系。

抱怨有什么用？不去做，永远只能在抱怨的深渊里坠落，最后听到的都是人生破碎的声音。

人生短暂，别做一个只会在脑子里干大事的人。别想那么多，带着智慧和勇气上路，开拓出一个属于你的天地来。

你能折腾的日子，就那么几年

有一次帮忙接一位朋友的孩子放学，他刚上初一，穿着小西装校服，背着大号的黑色书包，一副很疲倦的样子，看到我后立马笑着跑过来，很有礼貌。

上车后，我们闲聊了起来，我问他累不累，晚上写作业到几点睡觉……

他说："还好，已经习惯了，我从三年级开始就没有假期了，学钢琴、吉他、下棋、作文、画画、跆拳道……"小孩望着窗外，如数家珍地说着自己学过的十八般武艺。

在那一瞬间，我觉得现在的孩子真累。我在他这个年纪的时候，还在爬树掏鸟窝，一帮小孩子由大孩子领着出去干"坏事"。

晚上和朋友吃饭，我说："你对孩子别太苛刻了，让他也休息休息。"

朋友无奈地说："不是我逼着他，你知道他们这个校区初一年级一共有多少个班级吗？"

我摇摇头，但我想这所学校是当地重点名校，人数应该不会很多吧。

朋友说："一共有35个班级，2000人左右，上次考试他考了100名开外，自己哭着回来，反而是我们安慰他，没关系，已经很好了。"

朋友最后感叹道："我们知道他累，但与走进社会比起来，这点累又算得了什么？现在竞争如此激烈，孩子必须从小就开始培养各种能力啊。"

想起了曾经看过的一句话："今天你过着猪狗的生活，吃吃睡睡，偶尔吠两声，明天你将迎来猪狗不如的生活。"

在能扑腾几下的年纪，不去努力，等待你的只有刀子般的惩罚。其实，对于很多人来说，一辈子虽然很长，但能扑腾的真的只有年轻时的那么几年。

01　岁数越大，越经不起折腾

也许有人会反驳我刚才说的话，人一辈子那么长，你怎么可以说能扑腾的就年轻时的几年，你怎么可以否定我的未来？

不错，你可以列举出很多的名人，很多成功的案例。任正非 43 岁才开始创业，创办了华为，并且做到了世界 500 强；陶华碧 50 岁左右才开始创业，做出了“老干妈”，把一瓶几块钱的辣椒酱做成和茅台齐名的品牌……

这样的例子，你还可以举例出很多很多，可问题的关键在于：你只看到他们人到中年才创业，但你不知道这些人在年轻的时候，都是能折腾，或者已经折腾过的人。

任正非敢在 43 岁创业，其实是被逼无奈，是生活所迫。但天底下背负生活重压的人很多，为什么他能创办独一无二的华为呢？是因为他对通信设备的精通，而这种精通正是由于他在年轻的时候能折腾，且已经折腾过了。

任正非 19 岁考上重庆建筑工程学院，他父亲叮嘱他：“知识就是力量，别人不学，你一定要学，不要随大流。”

任正非苦修了数学、哲学，并且自学了三门外语，奠定他日后事业基础的计算机、数字技术、自动控制等技术，也都是在这段时间开始入门学习的。后来，任正非入伍当通信兵，参与一项军事通信系统工程时取得多项技术发明创造，两次填补国家空白。他还因技术方面的突出成就被选为军方代表，到北京参加全国科学大会。

如果他在年轻时不够努力，没有过硬的技能傍身，就不会有今天令国人骄傲的华为。

很多人到了中年，也在承受着生活的重压，但无奈只能默默忍受，因为不是不想折腾，而是没那个能力和本事去折腾了。

人岁数越大，牵绊越多，也越经不起折腾，这时候体力跟不上，脑力也跟不上，能力更是跟不上，阅历也不见得有多丰富。

所以，大多数人选择了妥协，向命运和生活低头。

想起曾看过的一句话："人的死不是一次性的，而是一个缓慢的过程，先是梦想死了，然后激情死了，胃口死了，睡眠死了，最后才没有了呼吸。"

02 趁年轻还能扑腾，就努力点

当你老了，头发白了，回顾这么多年走过的路，遇到的人，经历的事，不知道会有怎样的遗憾？

有一家杂志曾经对全国 60 岁以上的老人进行了问卷调查：你最后悔什么？

这份问卷列出了 10 项人们生活中容易后悔的事情，供老人们选择。统计的结果是这样的：92% 的人后悔年轻时不够努力导致一事无成，排在第一位。

"少壮不努力，老大徒伤悲"，这个我们从小就被灌输的道理，其实很多人在用一辈子的时间验证这句话。

趁年轻，在你还能折腾的时光里，请多点努力，拼一拼、搏一搏，别整天浑浑噩噩地活着。

当你有了孩子和家庭，你的精力就会被瓜分很多；当你的岁数大了，你的勇气就会丧失很多。

请你别骗自己，我现在不努力，等岁数大了再努力也是一样的。我可以很负责任地告诉你，年轻时缺乏勇气和努力的人，在中年时能够逆袭的机会很渺茫。

虽然人生的反转有运气的成分，但好运气大多是因为你曾经的努力换来的，好运气并不会跑到一个懒汉的头上。

蔡康永先生说过这样一段话："5 岁觉得游泳难，放弃游泳，18 岁时遇到一个你喜欢的人约你去游泳，你只好说我不会；18 岁觉得英语难，放弃英语，28 岁出现一个很棒但要会英语的工作，你只好说我不会。"

人生前期越嫌麻烦，越懒得学，后期就越可能错过让你动心的人和事，错过新风景。

想起了朋友的那位孩子，虽然他现在学习很累，但今天的努力和辛苦，不就是为了今后能过得舒服一点吗？

道理也许大家都懂，但有多少人去执行呢？这才是问题的关键，也是人与人之间的差距越来越大的原因。

一辈子很长，但能让你全力以赴地去奋斗，去折腾，去追逐梦想的时间其实并不多，一旦错过，基本就结束了。

所以，趁年轻，别做一个只会吃饭、睡觉、玩手机的丑胖子，别让自己熬成一个油腻的中年人时，还一无所有。

别堕落，因为你没资格

一位做人力资源的朋友和我抱怨说："真搞不懂现在的年轻人在想什么，公司花了大价钱组织学习培训，但这些人上课就是玩手机，甚至还有人睡着了。"

我打趣道："可能你们请的培训老师比较差。"

她说："真不是，请的老师是行业内比较知名的，讲得挺有价值，我听了也很受用。"

聊了一会，最后她不无感慨地说："人生的苦果都是我们自己亲手种下的。"

我同意她的话，有些人注定会平庸、迷茫，甚至有些可怜，但怨不得别人，因为他们在虚度时光，对自己并不负责。

我见过不少这样的人，嘴里不停念叨着迷茫，却又在浑浑噩噩地混日子。更重要的一点是，他们家里也没钱。穷人堕落比富人炫富更让人难以接受。

01 穷人，最没资格堕落

不管你承不承认，即使你很努力，有些人随便混混日子，仍然比你富有，因为他家里有钱。但我认为这不应该成为你不去追赶的理由和借口。实际上，如果你家里穷，你就更没资格不去努力。

记住这句话："穷人，是最没资格堕落的。"

三年前，公司招了几个新人进来，小王和小李被安排在同一部门。同样都在异乡飘着，两人又都是新人在同一部门工作，自然就玩到了一起。

小王来自湖南农村，家里条件不是很好，母亲在家种地，父亲常年在外打工。小李是苏州人，家里做建材生意的，有几个门店，家境殷实。小李看上去就像一个富家公子哥，白白净净，一身名牌，刚来公司没多久，就听说他年底将要拿房，这让一些老员工颇为羡慕。

两人有一个共同的爱好，就是打游戏，在公司里经常还没下班就约上了晚上几点开打。除了游戏，小李也爱泡吧，熟悉之后就拉着小王一起去，虽然多数都是小李买单，但小王偶尔也会请客。

新人工资本就不高，还要交房租、吃饭、交通、娱乐，小王几乎每月都月光，根本存不下什么钱。更重要的是，小王进公司的这几个月表现平平，成长很缓慢，完全没有新人该有的工作状态。交给他的事情，虽然能够完成，但谈不上完美，可以感觉到他没用心去做，没花心思在上面。

年底了，小李拿到了新房，张罗明年装修的事情，小王依旧老样子，迷茫又玩得不亦乐乎，不知未来在哪里。

像小王这样的人有很多，明明家里没好条件，却学人家潇洒地生活，学人家混日子，时间长了，就会被日子混了。

富家子弟随便混混日子不打紧，好歹还有父母撑着，房子车子买好了，装修都不用自己花钱。

但作为普通人，你有没有想过这个问题："你除了自己，还能靠谁？"

如果你家里穷，就没资格堕落，你没有后路可选。

02　你堕落，生活就会对你下狠手

曾看过一句话："优秀的人，都舍得对自己下狠手。"

2014 年的董卿，已经连续主持了 10 年春晚，连续 8 年被评为央视年度十佳主持人，连续 7 年是央视挂历女主持人前三位，风光无限。但是她在巅峰的时候却停了下来，将一切清零，停下所有的工作，去了美国的南加州大学进修。

她说：“那段时间，经常晚上睡不着，一个人坐在地上流泪，情绪不好的时候，连凳子都坐不住，只有坐在地上，心里才最踏实。”她当然恐慌，以前在电视台里，吃喝不愁，身边有太多的人帮着她料理琐事，对于主持也是驾轻就熟。

而现在，她只是一个学生，离开了熟悉的国家和城市，没有鲜花和掌声，需要自己买菜、做饭、租房子。

她放弃了之前的一切，走出舒适圈，经历着迷茫和绝望，但最终凤凰涅槃。进修回来之后，她在《中国诗词大会》《朗读者》两个节目上大放异彩，成为全民女神。

这世界，没有平白无故的幸运，只有先努力了，才有可能成为幸运儿。越努力越幸运，好运从来不会落在那些得过且过的人头上。

如果你对自己下不了狠手，就轮到生活对你下狠手，你现在不努力，你的余生就会很吃力。

越努力，越幸运；越堕落，越不幸。如果你没有堕落的资格，请努力！

ADVERSITY

QUOTIENT

第四章

思维决定出路，格局决定结局

结局见格局，你在低矮处看城市，可能会看到很多垃圾；当你登上高楼再看时，满眼都是风景。所谓的局限，其实就是格局太小，心被局限了，人生自然会深陷泥泞之中。人生不可限量，我们没有理由限制自己，你的格局有多大，人生就有多美好！

格局，决定了你的结局和层次

马东说："我们的人生往往因为看见一条船而忽略了一条河。一个人的眼界有多宽，决定着他能看到多少风景。同样，一个人的格局有多大，决定着这个人的结局和层次。"

格局其实是很虚的概念，怎么来定义都觉得不够完美，眼界、气度、思维、胸怀、意志、人格……这些都可以说是一个人的格局。

修心、塑格局，往往决定着一个人未来能走多远。

01　优秀的人往往都有大格局

曹操与刘备两人曾青梅煮酒论英雄，大谈天下局势。两人对坐，开怀畅饮，酒至半酣，天空乌云滚滚，大雨将至，二人凭栏远望天边。

曹操问："知道龙的变化吗？"

刘备说："愿闻其详。"

曹操说："龙能大能小，能升能隐，大可吞云吐雾，小可隐介藏形；升能飞腾于宇宙之间，隐能潜伏于波涛之内，犹如当世的英雄。"

刘备问："淮南的袁术，兵粮足备，能称为当世英雄吗？"

曹操说："袁术已是一脚踏入坟墓的枯骨，我早晚要抓住他。"

刘备又问："河北的袁绍，那可是四世三公，家世显赫，虎踞冀州，手下能人如云，能称为英雄吧？"

曹操笑着说："袁绍外表看似强硬，实际内心怯懦，优柔寡断，想干大事却又小家子气，也不是英雄。"

刘备接着问："刘表人称八俊，威镇九州，能称为英雄吗？"

曹操说："刘表徒有虚名，没有真正的实力，也不是。"

后来，刘备又问了孙策和刘璋等人怎么样。曹操说："孙策，只是借父亲的威名；而刘璋虽然是皇家宗亲，但只是一个守家产的狗而已；至于张绣、张鲁、韩遂这些碌碌无为的人就更不是英雄了。"

曹操最后总结道："能称为英雄的人，应该是胸怀大志、心有良谋、能屈能伸，普天之下，只有你和我两人。”

曹操对于英雄的定义和总结，我觉得这是对“格局”最好的解释，曹操、刘备、孙权三人最终能脱颖而出，胜在他们的格局。

其实在三人之前，袁绍才是最有实力的一位，但正如曹操所说，袁绍这个人太过小家子气，最终“官渡之战”中袁绍百万雄兵惨败给曹操六七万人，曹操也因此战逆袭成北方霸主。

即使再强大，格局过小、小家子气，也很容易走下坡路；反之，即使再弱小，但只要格局较大，就一样可以石破天惊、一飞冲天。

一个剁辣椒、炒辣椒的老太，把一瓶辣椒酱卖到了全世界，身家高达几十亿，她就是“老干妈”的创始人陶华碧。

在互联网时代，“老干妈”确实很土，不上市、不融资、不贷款、不做广告、不促销、不推销，像是从远古走来的人，与这花花世界格格不入。

在这样的情况下，“老干妈”为什么能火呢?

在创业开始，陶华碧发现许多来往全国各地的货车司机，到贵阳后都会买一些当地的辣酱带回去。而贵阳本地的一些商户见常有外地人来买辣酱，有的故意加价，能坑一个是一个；有的将快过期的辣酱卖给这些货车司机。

而陶华碧觉得这是一个很好的机会，她主动送“老干妈”的辣酱给这些往来全国各地的人。而“老干妈”也因此被带到了全国各地，名声一下子就打响了，从贵阳小山村，走到了全中国，不少外地经销商开始上门找陶华碧要求代理“老干妈”。

很显然，陶华碧的格局不在一瓶加价多少，也不在快过期的积压货怎么处理，她的格局是走出山村，放眼全国，而如今“老干妈”已经走出国门，走向了全世界。

02 格局小的人，很难成功

一个人的心有多大，成就就能有多高。

华为的任正非在管理上简单粗暴又直接，给予员工尊重和给足钱，任正非的股份在华为不到1%，只要你能力强，就可以在华为有一席之地；腾讯的马化腾，收入甚至比高管低，这在大多数企业里基本是不会出现的；刘邦从一个地痞流氓到开创大汉王朝的开国皇帝；文武都不出众的宋江，成了水泊梁山的带头大哥。他们靠的是胸怀，对手下人慷慨，放下了利益，喂大了格局。

一个老板，如果舍不得放下利益，没有长远的大局观，没有大格局，是很难闯出一片天的。

为什么很多人够努力，资质也很出众，但最终却未能取得突破呢？

一个名牌大学毕业的人，在公司里混了十几年，仍是普通的中层干部，好几个在他之后进入公司的人，都已经是他的领导。

他这人也挺努力，但就是有两大毛病：贪小便宜，气量太小。一个员工，经常想着从公司捞油水，遇到加班就想着逃避，别人说他几句，就记在心里，这样的人格局太小，是很难出头的。

有一个人创业不到三个月就放弃了。因为他觉得干了三个月都赚不到钱，也就这样了。其间，他和一个客户还发生过冲突，见到人就说这年头没背景、没靠山想做点事真难。

世界上哪有容易的工作？格局小的人，只会放大委屈，自怨自艾；而格局大的人，会吞下委屈，负重前行。

决定你上限的，往往不是能力，而是你做人做事的格局。当你在低矮处看城市，可能会看到很多垃圾；当你登上高楼再看时，满眼都是风景。

结局见格局，所谓的局限，其实就是格局太小，心被局限了，人生自然会深陷泥泞之中。

拿死工资，是最没出息的

一位朋友离职了，他在微信上给我发来简短的几个字：“我要创业了。”

朋友在这家公司待了近十年，从青春懵懂的小伙子到成家立业的成熟男人，他将人生最美好的一段时光留在了这家公司。

听到他辞职的消息，我还是有些愕然。因为在我看来，他没有这个必要，十年的时间陪伴公司一步步成长，早已进入公司管理层行列，年薪税后25万元，年终奖金也有几万元，在南京这个城市，也算小资了。

创业并不适合所有人，如果不是被逼到一定份上，没有多少人会选择自己单干。

我问他：“你为什么要趟这浑水？”

他很快就回复我：“拿着固定的死工资腻了，没安全感，想换种活法。”

只拿死工资，是最不靠谱的人生经营。

01　工作就怕最后只得到一点工资

工作就是为了工资，为了生活，但同时也最怕辛苦耕耘了多年，最终只得到了一点工资。

工作其实就是一场金钱与青春的交易。说白了，就是公司的老板花点钱买走你的青春。如果你工作了几年，发现自己的个人能力没有提升多少，积累的人脉没有，获取的资源也没有，只得到每个月固定的工资，其实是很失败的。

这就是为什么我一直在说，虽然大多数人最终都会从一、二线这样的大城市里退出来，但现在仍有留下来的必要。因为经历是一种财富，阅历也是一种能力，镀金后的你回到三、四线城市，与其他人应该是不一样的。

工作的能力，生活的习惯，看待问题的角度，对新事物的嗅觉等等，这些应该是有优势的。如果没有这种优势，那说明你这些年在外面是白混了。

不知道大家有没有听过“二八定律”，就是说一个公司 80% 的业绩是由公司里 20% 的人创造的，所以这 20% 的人自然就成了核心成员。

曾有朋友问我，他现在工资 11000 元，但给公司创造的价值是工资的 30 倍，两次提出辞职，老板都极力挽留，工资又加了 1000 元，不提老板就不会主动加工资，这样的老板值不值得跟随?

毫无疑问，这位朋友在这 20% 的核心员工之列，至于这老板值不值得跟随其实并不重要，因为这位朋友只要保持这种能力，就有话语权。

是走是留，主动权永远掌握在能者的手上。一个混得好的职场人，是不怕离职的，也是富有的，这并不仅仅指金钱，还有能力、人脉、资源。

所以，目前拿着死工资并不可怕，怕的是你除了得到一份死工资，别无其他，这才最要命。

02 财务自由，从来不靠死工资

不管你承认不承认，想要实现财务自由绝对不是靠死工资。

一般来说，公司给你的薪水，最多只能让你过上体面的生活，而不是自由的生活。

有一个大学同学，利用一年的时间，边工作边考试，终于考上了公务员。但没过两年，他就厌倦这种生活了。他感觉自己与社会脱节了，每天重复单调的工作，和工厂里的操作工并没有太大的差别，工资可能也差不多。目前的这份工资，反正饿不死，但也绝对不宽裕。

他说："这不是我想要的生活。但是我又不能辞职，首先因为家里人是绝对不会同意的，还有就是自己也犹豫不决，好不容易考上来的，就这么放弃，感觉太不值了。"

这份工作，成了鸡肋式的存在。

一个人，想要实现财务自由，就必须要提高眼界和格局。格局，一个很虚无缥缈的词，却决定着每个人的高度；眼界，一个很空洞的词，却决定着每个人的境界。

三个工人在工地上砌墙，一位智者路过，问："你们在干吗？"

第一个人没好气地说："砌墙，你没看到吗？"

第二个人笑笑说："我们在盖一幢高楼。"

第三个人笑容满面地回答道："我们正在建一座新城市。"

十年后，第一个人仍在砌墙，第二个人成了工程师，而第三个人，是前两个人的老板。

这就是格局上的差异所带来的不同结果。以前大家的思想是，找工作要稳定，追求"铁饭碗"。但现在时代不同了，有多少"铁饭碗”是高薪？高薪都充满着未知性，高薪和高风险并存，只有更努力的人才能吃到这块蛋糕。

别再想未来十年会怎么样，房价会怎么样，社会会发展到什么程度，这些你看不懂也猜不透。你能做的就是提高自己的眼界、格局、能力，抓住眼前两三年的时间，或是挣快钱，或是蛰伏，不要荒废时光，有目标地过好每一天，你能做到这样就够了。

如果你工作几年，离开的时候，发现自己除了拿到几年固定的薪水，人脉也没有，资源也没有，个人能力也没提高多少，那么你的这段经历是失败的。

你耗进去的是最美好的青春，你的青春就值这几万块钱吗？

03　拿死工资的人，后来怎样了

老话说：“一步赶不上，步步赶不上。”

撇开家底不谈，在社会上这么多年，我还真的没见过谁拿着固定工资就能实现财务自由的。而更现实的情况是，很多拿着固定工资的人最终会沦落到社会的底层，虽然吃喝不愁，但生活的确没有太高的品质。

很多人在年轻的时候，也想折腾几下，也有改变现状的念头，但随着年龄的增长，生活的安稳，这种斗志会慢慢消退。只有当你需要用一大笔钱的时候，才会想起要改变，但此时你已经没有那种能力了。

越是底层的人，越图安稳，因为折腾不起。

曾经的同事老李就是很典型的人。他年轻的时候在一家小国企里上班，生活安逸，后来遇上大规模裁员，不幸被裁。

出来找工作，直接就进入了我们公司，一干就是好几年，但薪资待遇一直上不去。他自己也无所谓，只要能有固定的收入维持生计就行。

老板自然也看中了这点，反正只给你这么多，你干就干，不干就走人。

老李的部门领导是一位 1990 年出生的小伙，只比老李的儿子大三四岁。有时看到这位部门领导训斥老李，这种画风挺怪的。

老李唯一一次提出要涨工资，是因为儿子谈了一个女朋友，女方要求买房。也许是想到了要买房、装修、结婚酒宴、彩礼都需要钱，老李找老板谈了，最终涨了 200 元。

我曾私下里问老李："你为什么去做点小生意，总比你在这一个月拿 3000 多的工资强吧？"

老李猛抽了口烟，有些无奈地说："做什么生意呢？生意也不好做，就那么点本钱，还要给儿子结婚用呢，亏不起。"

我一想，确实是这么个理，如果换成是我，也不一定有勇气去创业，到了他这岁数，没有什么比安稳更好了。

“但缺钱怎么办呢？”我问。

老李说：“这世上总有不要买房就愿结婚的媳妇，再说不是还有儿子嘛，他自己再奋斗呗。”

年轻的时候选择了怎样的生活，岁数大了以后就会有怎样的选择。

未来想要过上理想的生活，年轻时就别奢望稳定的工作。

优化圈子，圈子决定了你的命运

小安是我从小玩到大的发小，工作以后，我们天各一方，各奔前程，不常联系，但再次联络时却着实令我震撼。

他发来微信，想借几万块钱，后来电话联系，我才知道缘由。他最近跟着同事玩上了网络赌博，最高峰赢了二十几万元，但最终不到三个月时间却输了三百多万元，父母和自己的存款都搭了进去，如今还欠下两百万元的债务。

这消息太让人震惊了，他本有着令很多人羡慕的生活。年初的时候，我还去参加了他的婚礼，他在老家市区有房有车，没有房贷车贷，工资六七千元，一个谈了几年恋爱后终于修成正果的老婆，父母健在，还是退休教师……他从别人羡慕的小康人生到如今妻子闹离婚的惨淡结局，用了不到三个月的时间。

人生重要的就那么几步，一不小心就可能坠入深渊，而和什么样的人在一起，真的起到了特别关键的作用。

一个人的圈子，往往决定了他的结局。

01 走错圈子，真得会死

我这个朋友小安怎么看都不像一个赌徒，他素来胆小，但为何如今捅了一个无法收场的大窟窿呢？

这和他目前生活的圈子有着很大的关系。小安的单位是一家国企，能进去工作的基本都是关系户，家境都比较优越，工作也不是很累，总而言之：安逸。而他的同事们非富即贵，平时上班聊的就是晚上去哪里聚会，周末去什么地方玩，人生好不惬意。

这次欠下巨额赌债的起因就是一位同事在玩网络博彩，赚了几万块钱，就让小安也投一点玩玩。单位里不少同事都在玩，而他却不幸地成了最惨的那一个。输输赢赢挺刺激，小安最高峰的时候赢了二十多万元，然而没几天就输了五十多万元。这时候急于回本的小安就完全陷进去了，越想回本输得越多，越急越失去理智，等回过神来，他发现已经不受自己控制了。

有人说，怪他自己不懂得见好就收，怪他没有管住自己。但如果他没有进入这样的一个圈子，如果不在这样一个每天追求刺激、无所事事的工作环境里，又怎会有后面这些事情呢？

鲁迅说：“农家的孩子早识犁，兵家的孩子舞刀枪，秀才的孩子弄文墨。”和什么样的人在一起，你就会成为什么样的人，这就是圈子。

你和上进的人在一起，便会知道奋斗的意义，同样也会变得上进；你和优秀的人在一起，同样也会变得优秀；你和善良的人在一起，同样也会日行善事；而你进入一个不好的圈子，便会慢慢沾染上各种恶习。

为什么今天很多的公司都在讲企业文化，强调工作氛围？就是因为人与人之间是互相影响的，人是很容易受到环境影响而改变的。你让一个习惯了在华为这样的公司上班的人去一个小地方工作，他会受不了，因为太安逸了；你让一个从小地方生活多年的人突然到大城市打拼，他也会受不了，因为节奏太快了，跟不上。

但是，慢慢地就会习惯、适应，这就是生活的圈子对人造成的影响。人还是那个人，但圈子变了，人也就变了。

所以，一个人有怎样的结局和高度，和他所处的圈子有很大关系，朋友圈子、生活圈子，都在影响着他。

02　一个人的圈子对其影响到底有多大

2013年3月，杭州出现一辆大巴车，被很多人称为“史上身价最高的大巴”。因为车里坐着马云、马化腾、王健林、李彦宏、冯仑、郭广昌、李东生等一帮大佬。这些大佬在杭州现身，到了马云的地盘，当然是由马云牵头做东，而这只是他们的一次普通聚会而已。

曾经看过一句话：“想知道一个人混得怎么样，看他现在的朋友圈子就知道了。穷人的圈子大多数都是穷人，而富人的圈子大多都是富人。当你有一百万元和有一千万元时，你的朋友圈子是不一样的。”

这样的总结虽然很现实，但也很真实。

圈子，真的在决定着一个人的命运和未来。

古时，有一秀才奔赴省城赶考，妻子随时可能临盆，留她一人在家中他又不放心，所以就带上妻子同行。半路上妻子的肚子痛了起来，快要生产了，秀才急忙敲开路边的一户人家。

户主人是位铁匠，很巧的是他的妻子也正要生产，接生婆正好在场。一番忙碌后，秀才和铁匠的妻子都平安生下了孩子，两个都是男孩。

十几年后，秀才的儿子也考上了秀才，老秀才想起铁匠的儿子与自己儿子的生辰八字相同，想必也是秀才的命。回想当年铁匠收留自己一家的恩情还未报，老秀才立马准备了几件礼物，专程赶往铁匠家。

老铁匠正在门口吸着旱烟，屋内一个年轻后生赤膊着上身在忙着打铁。老秀才问铁匠："老哥，你儿子呢？"

老铁匠指着屋内的精壮后生说："这就是我儿子啊！"

即使同年同月同日同一时辰出生，但所生活的圈子不同，成长的环境不同，命运自然会千差万别。

铁匠的儿子打小就不曾读过书，又怎么可能高中秀才；秀才的儿子自小就读书习文，高中秀才只是水到渠成罢了。赌徒的朋友中必然有不少是赌徒，教师的朋友中肯定有很多是教师。

物以类聚，人以群分。曾经的很多同学和朋友都不怎么联系了，不是因为感情淡了，也不是太忙没时间，而是大家的步伐不一样了，聊不到一起去了。

摸过鱼，手上会有腥味；采过花，手上留有清香。你接触过什么人，就会留有一定的属性。圈子在无形之中给每个人贴上了标签，一个圈子对你的影响，绝对超过你的想象。

很多的名家大师，都是师从某些大师。比如六小龄童章金莱先生，他的家族成员都是和美猴王有关，这种影响是巨大的。

当年蒙牛出现危机，牛根生给圈内人发出万言书，为防止境外机构恶意收购，联想集团柳传志 48 小时内将 2 亿元人民币打到了牛根生基金会的账户上；新东方俞敏洪火速送去 5000 万元；分众传媒江南春也准备了 5000 万元救急；中海油傅成玉备了 2.5 亿元；其他不少大佬也纷纷打去电话，表示随时可以伸手援助。

这就是圈子的力量，足可以改变一个人的人生轨迹和命运。

03　画眉麻雀不同嗓，金鸡乌鸦不同窝

我们都知道和高人在一起，能进步很快，收获很多；和平庸的人在一起，只会越来越平庸。但比你厉害的圈子，想进去又谈何容易！

福楼拜的《包法利夫人》，是一部鲜活的“挤圈”失败史。艾玛是穷裁缝的女儿，嫁给了一个平庸的农村医生，但她渴望进入巴黎贵族的圈子。她去参加伯爵的宴会，她搭讪乡绅，和巴黎大学生调情，不肯放过任何一次向上层社会进军的机会，最终却一次次被抛弃。

想进一个圈子，要看你够不够分量，柳传志、俞敏洪他们的这个圈子，你能进去吗？即使你和他们认识，甚至你有他们的微信、

电话号码，但你却始终是个圈外人，无法融入他们的圈子里。

鲜花盛开，蝴蝶自来，段位不够，就别去迎合。就算你挤得头破血流好不容易进去了，也很难在里面立足，更有可能很快就会被踢出来。

那么，怎样才能进入比你厉害的圈子呢?

如果你没有足够的能力，那我可以很残忍地告诉你，没有可能，与其曲意迎合、呼朋引伴，不如埋头实干。这世界上哪有那么多的捷径可走，能力才是你进入上一层圈子最好的钥匙。

虽然不能立马往高一个层次的圈子迈进，但可以从优化目前的圈子开始改变自己。

远离爱抱怨的人

我们都知道生活是很苦的，不管是什么身份地位的人，都有着各自的焦虑和无奈，这才是真实的人生。

但有人会选择积极面对，有人却是怨言不断。

生活本来就已经很苦了，你还在任意滋长这种负面的情绪，给自己的生活设置一道道高墙，是不是傻?但很多人正在干这样的傻事。

一次两次抱怨，会换来别人的安慰，但次数多了，别人就会觉得你矫情，也懒得听你说。

抱怨的人无非是抱怨生活不如意，工作不如意，但结果只会生活越来越不如意，工作越来越不顺利，因为你的状态不对，事情自然也干不好，恶性循环。

所以，远离这样的人，远离这样的圈子，别聚在一起就抱怨这抱怨那，抱怨根本解决不了问题，有什么意义呢?

远离三观不正的人

什么叫三观不正?其实就是好坏不分，黑白不分，分不清大是大非，这样的人往往品行也不正，因为他根本不知道这件事做得是对还是错。

一次聚会，朋友讲了一个关于他同事的故事。他前不久与同事出去公干，在路上捡到了一部手机。朋友说："要么还放这吧，或者带着等人家打电话过来。"

他同事说："反正这里又没有摄像头，不拿白不拿，然后就将手机关机揣兜里了。"

朋友当时心里就想以后要离他远点，太没素质了，这样的人以后很有可能为了不大的利益将朋友出卖。

所以，远离身边那些品行不端、三观不正的人，时间久了，说不定你可能也受其影响，成为自己曾经讨厌的那种人。

远离不求上进的人

当你和喜欢打牌的人在一起，他会经常叫你打牌；当你喜欢和看书的人在一起，他会给你介绍最近读了什么书。远离不求上进的人，对于一个人的提升和发展实在是太重要了。

当你铆足了劲准备往前冲的时候，有人却在后面拉着你，或在你耳边吹冷风，你说你要不要远离这样的人？

所以，请你远离那些不求上进、没有追求的人。圈子可以不大，优秀就好。

远离没意义的饭局

成熟和人脉广不是意味着饭局多、应酬多，只有推杯换盏、互相吹捧的饭局就不必去了。

有时间陪陪家人，看看书，做点提升自己的事。别指望酒桌上的“兄弟”能帮你多大的忙，酒醒之后，对方可能连你是谁都不记得。

是时候优化你的圈子了，想要有不一样的人生，想要不被别人抛弃，你就必须要自身强大。

这世界上根本没有稳定的工作

有一次和朋友小聚。听到邻桌的一位中年人说："周二你就去找你徐叔叔，我已经打过招呼了，趁他还没退休，赶紧把工作落实了。"

年轻人应了声："知道了。"

我抬头望去，邻桌应该是一家三口，年长的中年大叔和大妈应该都是长期在国家单位里工作的人，皮肤白净，戴着眼镜，一副知识分子的样子，旁边坐着一个正低头看着手机的年轻人。

朋友说："看看人家，家里都安排好工作了，估计还挺不错的，至少比较稳定。"

我问他："稳定的工作就一定好吗？"

朋友笑着反问我："有什么不好的？还是有很多人喜欢稳定的工作，喜欢被温水煮着。"

我点头表示赞同，确实是这样，这样的人还挺多。别说是这种长期在国家单位工作、享受到稳定工作带来红利的父母了，就是我的父母，还是典型的工薪族，也同样希望我能做一份稳定的工作。

01 世界上根本没有稳定的工作

我刚毕业那会儿，父母就张罗着找人托关系，想让我进一家大型的工厂里上班，因为待遇不错，工作稳定。

说真心话，我觉得这世界上最忽悠人的一句话就是："这工作不错，稳定着呢！"

在我们父母那个年代，有一份稳定的工作还是挺好的，虽然也经历过大规模的下岗潮，但仍有不少人一直到退休都享受到了稳定工作带来的好处。

但是，时代变了，这样的活法真的行不通了。

我的一位读者，曾经和我分享过他的经历。他在一家企业里待了很多年，一直负责内勤，工作踏实细心，做到了主管位置，月入过万元，家庭幸福。但就在他 34 岁的时候，公司被一家企业收编，进而开始大面积的人事调动，他被安排进了业务部门，工资变成 2500 元底薪加提成。

不管是薪资待遇还是工作性质，都令他无所适从。勉强做了几个月后，他愈发地焦虑，最终在纠结中主动离职。

曾经他以为这份工作至少还能干十五年，好的话能混到退休。但不承想，公司的一次改组变动令他瞬间乱了手脚，招架不住。

没有一种生意是永远能挣钱的，也没有一份工作是永远稳定的，即使是全职做家庭主妇，还有丈夫出轨的风险。

如果非要说什么最稳定，那可能就是贫穷和平庸了，但是我想这肯定不是你想要的。

02 与时俱时，才能获取真正的稳定

那么，如何让自己在这多变的时代保持竞争力呢？

有一次，我打车去朋友的公司，出门时还是晴天，但到达的时候已是倾盆大雨。因有石墩拦着，车只能停靠在离写字楼大堂 10 多米远的地方，就在我准备拉开车门，打算冲过去的时候。

司机大哥说："我有伞，送你过去。"

然后这位大哥打着伞绕过来，帮我打开了车门，两个人躲在一把小雨伞下往写字楼走去。好不容易才到了大门口，我连声道谢，司机大哥也客气得很。

我发觉现在的出租车司机态度是普遍越来越好了，要是搁几

年前，这种待遇是少有的。因为有了网约车的存在，他们感受到了压力，这种压力逼着他们去改变态度，提高服务质量。

办公室楼下有一位做山东煎饼的大妈，生意远没有以前好了，原因不仅仅是多了几个同行这么简单。

有一天早上，同事正抱着一个煎饼在啃。看见我，他便说："今天好尴尬，饼做好了发现没带零钱，那大妈又不能微信或支付宝收款，害得我只好又上楼跑了一趟。"

我后来特地去看了下，其他两个稍微年轻一点的摊主都在摊位上贴了自己的收款二维码。现在身上放现金的年轻人越来越少了，这也直接导致大妈的生意少了一部分人。

不能与时俱进，就会逐渐被淘汰。如果能力不随着工作的需求逐步提高，一直固守在原地，那么你很可能处在一个比较危险的境地。

在这个世界上，根本没有稳定的工作，只有不断地学习和适应，才能获得真正的稳定。

花钱买时间，才是富人思维

中午休息，有一个同事在看电视剧，很嫌弃地叫起来："这片头广告竟然有 90 秒。"

另一个同事随即回他："这还好啦，我看一个 30 秒的短视频，广告时间却有一分钟，是不是让人无语？"

其实这样的抱怨，一个月花十几元钱开个会员就都解决了，全程无广告，还是超清画质。

能用钱买到的便捷和舒适，干吗不买呢？一个不会花钱令自己更舒适的人，是很难有机会挣到更多钱的。

我们经常说，时间就是金钱。你有没有想过，花点钱去买时间呢？

01　花钱买时间的人，更易成功

我上大一的那年暑假，揣着一张银行卡去南京找表哥，准备让他帮我挑选一台笔记本电脑，顺便玩两天。到了表哥的住处，我有点惊讶，房子算不上好，房租却是他工资的一半。

表哥笑着说："离我上班的地方很近的，走路十分钟就能到，是不是挺不错的？"

我白了他一眼："你真奢侈，就不能多跑几步路啊？"

表哥很淡定地解释："我找房子唯一的标准就是要离公司近，尽量控制在步行半小时之内就能到。有人住在比较远的地方，一个月省下六七百元的房租，一年下来还省不到一万块钱，但每天却有两三个小时的时间浪费在路上。"

对一个自制力很强的人来说，在路上的时间可用来学习和提升自己，但绝大多数人做不到，在拥挤的车厢内，在追赶公交和地铁的路上，是很难静下心来学习的。

与表哥相处了几天，我发现他的生活特有规律，早上六点半就拉我起来，出去跑几圈，一路上遇到不少熟人打招呼，看得出来他经常出来晨跑。

表哥说，他做 IT 这个行业，整天坐在电脑面前，不运动、不锻炼不行，不仅身体跟不上，脑子也会跟不上的，所以他每天坚持锻炼。

晨跑结束，路过一家包子店，顺便买点早饭回去，有时就在店里吃，然后回去冲个热水澡。

距离上班还有一段时间，他会选择看书，或者写点文字，写作是他的爱好，他希望有一天，可以出一本记录都市职场人生活的书。

一切都忙完后，他才悠闲地去上班，因为路程很近，完全不用担心路上有堵车等意外情况，步行半小时就能到。

整个人的精神和一大早起来赶公交、挤地铁的人比起来肯定是有很大区别的。

晚上，他一般都会留在公司加会儿班，因为离得近，回去也很方便，就安安心心地留在公司把工作做好，让领导满意。

所以，他是公司里升职加薪比较快的人。

同大家分享了表哥的租房经验，我不知道有多少人认可这样的做法，但我至今都觉得很有道理，并且一直在延续着这套理论。

说真的，一年多花点房租而节省了大把时间，只要你会利用好这段时间，完全有机会创造出更高的价值来。

02 消费时代，必须要有消费思维

现在付费咨询被越来越多的人提及和认可，为什么？因为专业。比如一个困扰了你很久的问题迟迟得不到解决，花点钱找一个专家级的人物聊一聊，问题迎刃而解，瞬间搞定。这比你花大把时间去摸索、思考，结果还不一定能解决划算得多。

这就和为什么很多人愿意花钱请私人教练健身的道理是一样的。有人会说，网上一大堆的健身文章和帖子，技术动作都有，随便找几个照着做不就行了，为什么要花这冤枉钱？

其实对于健身零基础的人来说，不懂健身，盲目地健身可能会导致自己的身体受伤。但你请私人教练就不同了，教练花了那么多时间去研究、去实践，可以让你少走很多弯路。他会根据你的体质，为你制定合理的训练方案，并且会告诉你哪些动作是错的，哪些是不需要去练的，什么才是正确的健身理念，会给你一套很系统的专业训练。

有些东西真的没必要花大把的时间去摸索，将有限的时间花在刀刃上，才对得起时间。

有一次，公司让两个新来的编辑去尝试着完成一个视频剪辑，因为他们在学校都学习过相关的软件设计。

团队主管说：“公司之前一直没有片头，你们可以的话，也顺便弄一个。”

A 接到了任务，就开始研究片头怎么做好看，一直忙活了大半天，还是没什么进展，快下班了，才想起后面的剪辑还一点都没弄，赶紧慌慌忙忙地去赶。

而同事 B，他也是先研究片头怎么做，他知道自己不会做，所以他研究的是根据公司的文化和特点需要什么风格的视频片头。然后他先去剪辑后面的视频，等到视频剪辑好了之后，他才去一家视频素材网站，花了 38 元买了一个自己中意的视频片头素材。素材买回来之后，花几分钟就把公司的一些元素和标识套进去了，摇身一变成了公司视频的片头，还挺精致的。下班后，同事 B 将成品的视频发给主管，主管看了之后对他大加赞赏。

可能有人觉得 B 在投机取巧，其实他能在有效的时间内完成了领导和客户满意的工作，这就是本事和能力。领导要求的自然是你尽快并完美地完成工作，他并不在乎你是买的素材，还是自己做的。当然如果是你自己做的，领导肯定会在心里给你加印象分，但理想还是要靠实力说话的。

有人你说：“一个非专业的视频剪辑工作人员，怎么可能在很短的时间内做出一个公司需要的视频片头呢？”这是需要时间来学习的，你可以利用下班后的时间来完善这方面的技能，但不要在上班的时间内做这些看似努力实则意义不大的尝试。

你的思维将决定你处于什么样的阶层。越是善于利用时间的人，越容易收获成功，也越容易获得更多的机会。

让专业的人来做专业的事情，不要把时间浪费在“假勤奋”上。自己搞不懂的事，就去请教专业的人，哪怕花点钱。

在工作中，自己搞不定的东西，就想办法先完成好，哪怕是请人帮忙，因为客户和老板等不了，他们更在乎结果，业余时间你再去抓紧时间提升自己的专业技能。

钱和时间比起来，当然是时间金贵得多。很多人偏偏将这个概念颠倒，为了省下眼前的一点小钱，做着丢西瓜捡芝麻的蠢事。

人的精力是有限的，用有限的时间去高效地做事，有了这种富人思维，就不怕前路艰难。

身体和灵魂，总有一个要在路上

人生需要有一场触及灵魂的旅行。

我的朋友圈里有一个姑娘，经常出去旅行：西藏、三亚、洱海、大草原……打开她的个人主页，蓝天白云、高山大川、美食美景，看得人心情舒畅。

昨天晚上，她更新了朋友圈：莫干山民宿，等我国庆去睡你！

一个喜欢用脚步丈量世界的女孩，活得有声有色。

她是我的一位旧同事，两年前辞职后和朋友合伙开了一家服装店，如今生意不错。她年底要结婚了，未婚夫是在去大草原游玩时认识的一位武汉男生，两个天南地北的人因为一场旅行走到了一起。

和她相处过的人总会说，这姑娘人不错，大方又洒脱。也许这就是经常出去走走看看的结果吧。她的谈吐里，她的气质里，有她走过的路，看过的景，遇到过的人和事。

01　每次归来，都是一次蜕变

同学老王现在是一家户外用品店的店长。刚毕业那会儿，我们这个专业的大多数人进了电力公司或厂里。他当时在苏州的一家外资厂里做设备维护员，工资四五千元。

老王是个天性好动的人，在学校时是班上篮球队的主力，厂里沉闷的工作氛围和作息让他感觉很不适应。工作了半年左右的时间，我们几个同学商量着年底来一次旅行，抑郁中的老王拍手赞成。到了年底，一帮人攒够了假期，攒齐了钱，也攒足了勇气，浩浩荡荡地去了趟西藏。

在路上，老王认识了一个上海的饮料商，两人交谈甚欢。

年后，老王就辞去了厂里的工作，来到上海，在这家饮料公司做起了市场营销。由于性格上的优势，老王来这里后混得是如鱼得水，三个月后，他告诉我们终于体会到了月薪上万的感觉。虽然仍存不到钱，但他整个人的精神状态却比在厂里好了很多。

老王说，到了藏区，才知道天地原来是如此的宽广，不出来走一走，总以为厂里的那片天空就是全世界。

所以那次旅行回去之后，他就一直在想这个问题：世界之大，趁年轻为什么不去做自己喜欢的工作、擅长的事情?

这几年，老王每年都会出去旅游两三趟，认识了更多的人，眼界也更宽，思维更跳跃。

老王说："每次旅行回来，感觉自己的状态更好了，无论是工作还是生活，心境都会大不一样。"

当你见识了江河大川、高山峻岭、人山人海，你便不会因工作忙得焦头烂额而抱怨不已，不会因一些小事而发脾气。心中有着远方，待人接物的气度也更宽广。

曾看过这么一句话："人在一个狭小的空间里待久了，会发霉，眼界和格局也会变小。"

想想老王的经历和这些年的蜕变，还真是这么回事。

02 再穷再忙，也要出去看看世界

最理想的生活是什么样子？

在很多人的答案里，除了有房有车有个温馨的家，还会捎上旅行的梦，带上家人，出去看一看这世界。而现实情况是，大多数人并不能走出去，理由很简单：没时间，没钱。

其实与房子、车子相比，旅行更现实一些；而你并不是真的没时间、没钱，只是不敢迈出这一步。

几年前，我和女友两人只有3万元的存款，每个月还有房贷要还，忙碌的生活，现实的重压，让我们无数次想逃离。

终于，我们咬咬牙，决定出去走一趟，两人去台湾玩了一个星期，花了差不多2万元，将大半的积蓄交给了7天的旅行。

如今回头看看，那一次去台湾玩了几天，应该就是人生中的第一场灵魂之旅吧。坐在环岛的大巴上，望着窗外的风景，脑子里时常在想，接下来我要怎么做？未来的出路在哪里？

同行的一位大叔决定将海边的一块小石头带走，拿在手里路过一家卖椰子的小卖部门前，被店主叫住，建议他放回去。

店主笑着说，如果每个人都捡一块石头走，我们这里很快就不美了。

当地人的几句话，笑谈中掷地有声，见到这一幕，你会思考自律、思考环保、思考说话的方式，这就是旅途中的见闻所带来的收获。

这个世界上，总有一些你平时走不到的路，遇不到的人，见不到的事。所以，再忙、再没钱，也应该走出去看一看这个世界。

你不可能连出去旅行几天的时间也抽不出来，安排妥当就可以；你不可能因为出来旅行几天，就穷得去要饭，饿死街头。当然我并不提倡过度消费，但每年出去旅行的费用，还是可以从平时的生活中省下来的，少买几件衣服、少下几回馆子，省一省就有了。

当你出游归来，你的心境会不一样，思维方式会不一样，待人接物也会不一样，而这些因素正好在左右着你的事业，以及你的人生。

毕竟，没看过世界的人，他的世界观会很小。

选择一个好平台，就是你的本事

初入社会的小张遇上了幸福的烦恼：面试了两家公司，竟然都被录用了，现在正在纠结要选择哪一家。一个是上市公司，在本地是龙头企业，单休或调休，管理苛刻；一个是只有十多个人的私企，但工资高了一千多元，周末双休。是不是很难抉择？

我们来分析下选择两家公司的利与弊。

进小私企，每个月有不可忽略的一千多元的收入差距，而且单位时薪也更高，工作环境更自由和宽松，时间上更宽裕；而进入第一家的上市公司则会面临各种各样严峻的挑战，进去的人大多是想利用平台作为一个跳板，让自己的能力和资源得到最快速和有力的积累。

如果是你，你会怎么选？你工作是为了挣快钱还是积累长期资源？

就以小张的经历为例，为什么一个上市公司的企业开出的薪资没有一个十几个人的小私企丰厚？因为有一部分平台的优势在里面，光这个平台品牌就可以吸引很多人才，我相信哪怕是没有薪水，也会有部分人会选择在这里工作，为什么呢？因为好的平台对职场人来说就是一种资源，即使日后跳出来，也是头顶光环。

一个好的平台给你带来的价值远远不止每个月的薪水那么简单，甚至有些平台会影响你一辈子的职业生涯。

我有个大学同学，毕业后去了华为的总部实习，高强度的工作让她变成了一个职场女超人，自愿加班、说话干练、走路带风，同学聊天的群里很少见到她的身影，她的朋友圈也是偶尔更新。

原来环境真的能改变一个人。要知道在学校的时候，她还是一个有着拖延症的小姑娘，干啥都是慢吞吞的。她曾经这样描述自己刚工作时的状态：每天回到宿舍倒头就睡，有时候睡到半夜会突然惊醒，以为还有工作没做完。

三年后，她离开华为，去了另外一家公司做主管，很多人都惊讶于她的干练和业务能力。她的人脉资源，更是甩出三十多岁的老员工几条街。

这就是一个好的平台给予她的无形财富，好的平台能对一个人进行脱胎换骨的改造。

01　选择一个好平台，就是你的本事

我曾面试过一个运营公众号的女孩，她介绍自己写的很多文章阅读量都是 10 万 +，其实是她所在的平台比较有优势而已。但不可否认的是，她的这段经历足以打动很多新东家。因为这样的工作经历确实是她人生中辉煌的成绩，可以作为一个标签永久地跟着她，文章确实是她所写，阅读量也是真的，这就是一个平台对她的馈赠。

所以，在选择工作的时候，你自己首先要搞明白：我是要在这里挣一笔快钱，迅速地完成财富积累，还是作为沉淀的跳板，有朝一日再谋高就。这就要看你个人的需求。

不过，如果你有可能进入一家大公司工作的机会，我个人认为是比你挣一两年快钱要有价值的，除非你第一桶金可以挣到几十万、上百万元。

能够进入一个好的平台是你的本事，以后出来的头衔都会不一样，市场价值的起点自然也不一样。

02　进了好平台，不会利用也是枉然

路都是自己走出来的，虽然说进入好的平台对于一个职场新人

来说是一个镀金的好去处，但不是人人都能成功取得真经。

平台之所以能称之为好，肯定是因为比其他地方有着独特的优势：完善的管理制度、系统的技能培训、强大的渠道资源等。如果你能好好地利用这些现成的资源，那么你今后的职业生涯将会比较顺畅。

比如人脉资源，虽说他现在和你合作是因为所在的平台，但关系都是处下来的，并不是所有的客户都只看重利益，而且就算以后你们合作，还是利益朝前，但关系熟络自然会好办很多。

我认识一个人，是一家房地产代理公司的文案策划，负责从一个项目开盘到售罄。有时候项目不大，一年左右时间就去下一家了，但他手里的资源却是一直跟着他走的。

户外传媒公司、猎头公司、兼职中介、网络媒体、传统纸媒、图文广告公司、活动策划公司等，他手里有着这些渠道资源，去哪里都能快速地实现品牌推广，他在圈子里的名气自然也是越做越大。

为什么呢？因为自己的影响力有了，很快就组建完了销售团队，自己出来接项目单干，混得风生水起。

当然，这是比较成功的案例，平淡无奇的也有很多。有些人看得通透，有明确的目标和职业规划；而有些人则低头做事，两耳不闻窗外事，一心只想好好搬砖。

所以，再大的平台，你不好好利用，也是一种资源浪费。

着眼于你目前的工作，想过自己需要从中得到什么吗？是财富还是经验、能力或是资源？

只知道埋头干活，不懂得规划的人，难以走上更高的舞台。

与人方便的人，混得都不差

一个姑娘手里拎着一盒蛋糕，在准备进入商场大门的那一刹那被门撞到，手里的蛋糕掉在了地上，姑娘大叫了一声，整个人懵在那里。一两秒后她才反应过来，快步追上前面的人理论，两人吵了几句，姑娘委屈地挎着包离开了。

这件事只是因为前面的人推门后，径直走了进去，没有往后面看，以至于使门撞到了后面的人，这种情况相信大多数人都经历过。

01 细节见人品

有一次，我去见客户，到了写字楼一层的电梯间，发现一个电梯门快要关上了。我心想，肯定赶不上了，但没想到门又开了，一个约莫五十多岁的中年人用手挡着电梯的门，伸出头问我：“你上去吗？”

我快步走进去，说了声“谢谢”。中年人笑着说：“没事，这写字楼里就是电梯难等，年轻人时间宝贵。”

很快到了客户公司所在的楼层，我径直走出电梯，准备和这位热心肠的中年人打声招呼告别，却发现他也跟在我后面走了出来。我说：“真巧，您也来他们公司啊。”

中年人说：“对呀，我在这上班。”

进入公司后，一位很漂亮的女前台微笑着对我说：“您好，请问您找谁？”

然后她又对着旁边的中年人打招呼：“董事长好。”

我一惊，原来这位给我开电梯门的中年人竟然是这家公司的董事长。

一个不起眼的小动作，真的能体现出一个人的涵养和风度，并决定了他的人生高度。

大家应该经常会听到一些人因为注重人品，注重细节而成功的案例。

比如有人去公司面试，最终落选，却因离开公司时随手将地上的垃圾捡起来放回垃圾箱里而重新得到机会。甚至有些公司会专门设置一些这样的小环节来考验一个人的品行。

细节之处能看出一个人的人品，同工作能力比起来，品行在这个时代更加重要。能力可以培养和提升，人品却不那么容易改变。

在生活中，走在你前面的人在进门的时候，径直走进去不看后面的话，你可能也不会太在意，因为这种情况确实有很多。但是如果这个人会回头看看后面有没有人，发现有人的话，他将门拉着，防止撞到你，就这么一个帮你扶一下门的小举动，绝对会让你对这个人的印象大大加分，这种绅士风度天生自带吸引力。

现在越来越多的年轻人和孩子能够做到这一点，他们很有礼貌，这与他们所受的教育有关。

我一直信奉那句话，多建一所学校，少建一所监狱。读书不光是学习知识，更是在学习怎么做人。

02 与人方便，就是方便自己

学生时代，我曾经在肯德基餐厅遇到这样一件事，至今仍记忆犹新。

当时宿舍的一位小伙伴在学校不远处的肯德基餐厅做兼职，有一天我们宿舍成员准备去吃火锅，就差他一个，所以我们就到他所在的店里等他，他五点下班，时间刚刚好。

舍友接待点餐的柜台前排了约有七八个人的队伍。这时候，店里进来一个大妈，一个应该是她孙子模样的小男孩在她前面蹦蹦跳跳地跑着。小男孩径直跑到柜台前，说要点份全家桶。

舍友对小男孩说："小弟弟，去后面排队好不好，很快就到你了。"

大妈这时也走上前去，在我们以为她会拉着小男孩去排队时，没想到大妈却扯开嗓子喊："我家宝宝现在就要吃，你就不能先给他来一份吗？我们又不是不给钱。"

大家都一愣，舍友也愣住了，但随即对她说："不好意思，大家都排着队呢，您还是去排队吧。"

大妈好像脾气也上来了，不依不饶。

排在第一位的是一个女白领模样的女人，蹲下来对小男孩说："饿了是不是，再饿也要排队的，知道吗？今天阿姨把位置让给你，你先买，但你要说声谢谢，好吗？"

小男孩说了声"谢谢"，高兴地嚷着说："我要一份大大的全家桶。"

女白领起身，对旁边的大妈说："您这样带孩子，早晚会害了他。"说完，她便径直走到队伍后面去重新排队了。

细节之处见人品，虽然这位女白领出现在众人眼中的时间只有几分钟，但看得出来大家对她是特别地赞赏。

故事的后续是，等大妈带着小男孩点完餐后，大家还是让这位女白领先点餐，那种微笑和礼让使整个空间比以往任何时候都惬意和温暖。

话说，有两个兄弟各自带着一只行李箱出远门。一路上，行李箱将兄弟俩都压得喘不过气来。他们只好左手累了换右手，右手累了又换左手。

忽然，大哥停了下来，在路边买了一根扁担，将两个行李箱一左一右地挂在扁担上。他挑起两个箱子上路，反倒觉得轻松了很多。走过一段路后，换弟弟挑担，大哥更能轻松地走一段路了。很多时候，你在帮助别人的同时，也在帮自己。

我们在工作中，在团队里，都应该关注整个团队的利益，而不是自己。你需要懂得去帮助队友，做好接力，而不是单枪匹马地完成整场比赛。

凡是能做出优异成绩的，肯定是因为团队通力合作。如今，早已过了一个人单兵作战的英雄时代了。

与人方便，就是给自己方便。你能做到这一点，不管是工作还是生活，都将会取得明显的突破，你的人生也将走向一个新的高度。

ADVERSITY QUOTIENT

第五章

你与优秀的自己，只差好习惯的距离

习惯是一种顽强而巨大的力量，它可以主宰人的一生。一个好的习惯会成就人的一生，而一个坏的习惯会让人终生负债。人应该支配习惯，而不能让习惯支配人。优秀与平庸之间的差距，有时就是一个习惯的距离。

行动：拖延症，正在毁了你

一位患有重度拖延症的人去拜访大师，希望摆脱困扰。大师给了他一套可以解决拖延症的秘籍，这个人接过来后，连连跪谢，念叨着等会儿回家一定要好好看。

到了家，朋友叫他小聚，他心想，晚上吃过饭了回来再看。吃过饭，回到家，拿起手机，发现等了好久的电影终于可以看了，忍不住点了进去，安慰自己说："我先看电影，秘籍已经在手，就有希望了，回头再看也不迟。"

后来，这个人一直都没能摆脱拖延症的困扰，不是秘籍没有用，而是因为他自始至终都没有打开过那本秘籍。

有人说，这真是天底下难得一见的傻子。请别以五十步笑百步了，我们大多数人比起他来，并没好到哪里去。

如果你正过着平庸、迷茫、底层的生活，很可能就是拖延症祸害的。

01 这些经历，你肯定有过

前一天晚上，你发了很重的毒誓，明天早上一定要早起，跑步、阅读，开始崭新的一天。

第二天早上，闹铃响起，你迷迷糊糊地关掉了烦人的闹钟。心里想着，今天实在太困了，就最后再赖一次床吧，明天肯定要早起。然后继续倒头睡觉，一直睡到实在拖不下去了，才火急火燎地一跃而起，着急忙慌地去上班。

到了公司，明明有如山倒的工作要忙，你却还是先登上 QQ、微信，一边工作，一边和朋友们聊天，抱怨今天要忙惨了。再忙里偷闲去刷刷微博，看看今天外面又发生了什么新鲜事，兜完一圈，心一直静不下来，时不时地再去刷新几下页面。“厉害”的是，你最终还是加班把工作做完了。

晚上本来计划减肥，但看今天天气不好，人的心情也变得不好，然后就懒得动了。于是你想看看书，不过你才翻了三四页，又拿起零食来奖励一下自己，顺便刷刷微博，一刷就没有停下来的打算，看到追的剧又更新了，喜欢的综艺节目又开始了。

看完已经是夜里十一二点了，你告诉自己，明天一定要看书，然后释然地准备上床睡觉。躺在床上又开始刷朋友圈，明明已经给自己制定了晚上 12 点前必须睡觉的计划，但即使再困，也会强撑着不睡，一遍遍地上下滑动着手机屏幕。

有多少人的一天是这样度过的？这些经历有过两个及以上，就说明你是拖延症患者了。

说这样的人不求上进，好像是冤枉了他们，毕竟他们也给自己制定了一系列的计划，学习、看书、健身、减肥……

但永远都会在今天取消，寄希望于明天和下一次。

02　你为什么会拖延

面对奇差无比的执行力，有人会自嘲说自己有拖延症。网上有人说拖延症是一种病，所以不能怪我懒或者不思进取，我也不想这样，谁让我有病呢？

这样的人，不在少数。

中国社科院的一项调查显示，目前中国有 80% 的大学生和 86% 的职场人都患有拖延症。50% 的人不到最后一刻，决不开始工作；13% 的人如果没有人催，不能完成工作。

有拖延症并不能简单地归结于懒。懒，只是一方面的原因，时间长了，就成了一种习惯。

很多时候，将事情往后推，是因为在心理上对做这件事有“畏难”情绪。比如一想到有那么多的报告要赶，要离开温暖的被窝早起，要远离手机，老老实实坐在那儿看着枯燥无聊的书……在心理上就会很排斥，感到很痛苦。

当这种畏惧的情绪上来时，会心神不宁、无所适从，然后人们就会去刷微博、翻朋友圈、看电视、看电影来给自己寻找慰藉。但潜意识里，还是觉得这件事是要去做的，想做又怕去做，这时候人就会感到很迷茫和挣扎。

所以，有拖延症的人是玩的时候很开心，玩过之后又很懊悔，但又控制不了自己。越闲越心慌，越心慌越不能专注，如此恶性循环。

别再说“听了很多道理，依旧过不好这一生”等诸如此类的话。首先你不听这些道理，当然会过不好一生；其次听了道理不去执行，还是会过不好这一生。

改变和上路，从来不晚，想要有什么样的人生，就看你今天做了什么。

阅读：对抗迷茫最好的方式

地铁上，一位小伙子一边大口啃着面包，一边强忍着眼泪。可能是工作不顺心，又被上司骂了；可能是生活压力大，女朋友催婚要房子；可能是因为现实原因，甜蜜的感情撑不下去了；也有可能是家里出了变故……他如此难过的原因，我不得而知，但我知道：谁的生活，都不容易。

工资不高，氛围不喜欢，想辞职，但又不确定辞职了以后再找的工作会比现在的收入高。

迷茫，是职场人的通病。

在你初入职场的时候，你会感到很迷茫，不知道自己将来能做什么；即使你工作几年了，仍旧会感到迷茫，不知道自己何时能实现财务自由。

所以，迷茫从来不是年轻人的专属，迷茫是属于所有人的。

01 年轻的时候，谁没迷茫过

我和我的一位读者经常聊天，所以我比较了解他的经历。他是工科出身，毕业的第一份工作是在一个不大的三四线城市里做智能化家居技术员，实习、转正、跑工地、画图纸。跟在总工后面跑工地、打下手，经历了三个月的历练，工资从实习期的 1800 元涨到了转正后的 2200 元。

那时候他做得很开心，闲下来的时候和同事一起去网吧打游戏。老板不会经常去工地，所以他常常是干半天玩半天，每天呼吸着“自由”的空气。

半年后，他的月薪涨到了 2500 元，他足足开心了一个星期。他和女朋友说：“以后要是能每个月赚 3000 元，就很满足了。”

毕业后的第八个月，他买了房子。是父母帮忙交的首付，自己承担月供。那时的房价和现在比起来，还是小白菜的价格，但仍是好大一笔钱，一时之间，他感觉到了压力。

原来月薪 3000 元真不算什么。他开始迷茫了，就以目前这情况，每月的房贷都是压力，以后该怎么办?

那个周末，他大学时的一个同学来到他的城市出差，两人聊到大半夜，话题不再是打游戏、谈恋爱，而是工作、收入、生活。

那一夜的聊天，全程都透着迷茫的味道，一如满屋子的香烟味，浓重而惆怅。

02　直面迷茫，正视自己的不足

这份工作短期内无法满足他的消费需求，所以他到了必须跳槽的时候了。

虽然他是工科出身，但文字功底强，平日里也爱写文章，在找新工作的时候，就朝着这个方向找。

最后，他被一家网络媒体录用了，从此开始了长期的文案编辑工作。到了新单位、新部门，每个人的工作都差不多，为了不让自己表现得那么差，他在网上花了 60 元买了工作需要用到的相关软件教程，一点儿一点儿地开始学。

从此，下班以后，他的出租屋里不再是游戏的枪炮声，取而代之的是听课、看书、做笔记、实践操作。

慢慢地，他开始享受这种学习的过程。两个月后，他的水平比同事已经高出一个层次。在那之后，他又开始学这个行业的相关软件应用。这些努力、这些学习，让他在同事中脱颖而出。

如今看来，这是超值的投资。

迷茫不是停下脚步的借口。很多人说：“我也想奋斗呢，我也不甘心就这点薪水，可是我不知道该怎么做呀！”

问题就在这。你真的做了吗？你连尝试都没有，谈什么目标。

有时候，走一步看一步挺好的，起码是前进了。

03 对抗迷茫最好的方式：看书学习

他说：“在那些迷茫的夜晚，看了《当幸福来敲门》《肖生克的救赎》等很多励志的电影。看完之后，虽然有一种热血沸腾的感觉，但却不知道该怎么办。”

后来无意中在书店看到了毕淑敏的《破解幸福密码》，然后又在网上看到了龙应台写给儿子的家书，领悟了很多道理后，便开始行动。付出了很多，现在的日子过得是越来越好了。

我建议大家要养成看书阅读的习惯。不管你是不是处于迷茫期，不管你现在是一个成功的商人，还是一个落魄的求职者，看书真的能够让人学到很多经验和技能。

有人说，网上学什么学不到，为什么还要花钱买书、买教程？不错，网上是可以什么都能找到，你想了解一件事物、一项技能的定义还可以，但如果想学习、想深入地了解却比较难，因为网上的知识基本上是不成体系的，只能作为一道开胃的小菜。你将很多时间用在了查找、甄别上，结果效果还不明显。

越是优秀的人越喜欢看书，比如比尔·盖茨、俞敏洪、汪涵等。先不说这些大人物，说些生活中的人吧。

我喜欢看 NBA，腾讯的 NBA 解说员中有王猛、柯凡，嘉宾有杨毅、苏群老师等等，他们无一不是经常看书、知识面很广的人。也许你会反驳，他们作为解说员，就是靠嘴吃饭，不多懂得点儿行吗?

可你为什么不这么想，正是他们有了这种很好的学习习惯、职业素养，所以才会在众多的同行中脱颖而出的呢?

如果你是一个上班族，你没必要多看书学习吗? 平日工作里经常要用到的软件你都能用得很熟练吗? 同事之间的关系你懂得维护经营吗? 工作累、不顺心的时候你知道怎么调整心态吗?

即使你只是一名普通的销售人员，你没有必要多看书吗? 销售这个行业压力很大，但做得好，收入也是高得惊人。如何提高自己的跟单能力、逼单能力；嘴巴不会说、性格内向，如何做好销售；如何提高自己的情商，让客户喜欢你；在团队中如何做出业绩……

这些知识和技能，你不学习怎么能得到提升？

……

职场人有太多的东西需要学习，而阅读能让我们更快地找到正确的方向和突破口。

自律：能控制体重的人太可怕

在朋友的婚礼上，遇到了一位老友，多年不见，变化惊人。

当时我正和几个老朋友在聊天，忽然有人从背后捏了下我的肩膀，抱住我。转过头，我竟然没认出来他是谁，按理说，有如此亲密举动的，彼此应该是很熟悉。他见我愣在那，笑着说："咋了？不认识哥了啊？"

话音一出，我就知道他是谁了，但仍很吃惊。因为在我的印象中，他曾是一个身高 185 厘米、体重仅有 110 斤的清秀型"大竹竿"，现在站在我面前的却是一个体重足有 200 斤以上的胖子，连手上的五指都有了可爱的小窝。

旁边一位女同学故作可惜状："岁月真是把杀猪刀啊！以前的长腿欧巴现在变成汉堡大叔了，你说你体重都无法控制，还怎么控制人生呀？”

这话引来大家一阵嬉笑。

虽然是句玩笑话，但确实有很多人会将这句话奉为人生励志金句：“体重都无法控制，还怎么控制人生？”

这其实涉及的是一个人的自律问题。体重和人生虽没有实际的关联性，但一个能控制自己体重的人，确实是可怕又可敬的，他们身上都有着令人敬佩的特质。

01　第一特质：坚持

彭于晏这几年人气上升得很快，被他圈粉是在看了电影《激战》后。从曾经胖嘟嘟的少年到如今的型男，他到底经历了什么？

在电影《翻滚吧，阿信》中，彭于晏扮演一名体操运动员，他进入体校，进行 8 个月的体能训练，每天 12 个小时，一周 6 天，单杠、吊环、鞍马无所不练。每天早上从七点开始，一直练到中午，然后洗澡、吃饭、补个觉，下午又开始一样的练习，每天健身两三个小时，练拳四五个小时，每天都训练得湿透好几身衣服。

训练的过程不需要做过多的叙述，可以想象的是这种坚持有多难，需要有多么强大的意志力和耐力。

所以，有时候还是挺佩服明星们的，为了人前光鲜亮丽的良好形象，能够常年坚持健身的良好习惯。

很多人做事只靠三分钟的热度，三天打鱼，两天晒网，激情过后，留下的唯有迷茫。

一个人要想取得成功，坚持是最基本的素养。

02 第二特质：自律

每年的盛夏时节，不知道有多少女孩子还记得春天时见人就发的减肥毒誓，制定的瘦身计划还记得吗？

也许在你看到美食的时候，在你吃完就躺的时候，早已把这些忘得一干二净了吧？又或许你没忘，只是告诉自己：“从明天开始，一定要开始减肥。”但明日复明日，明日何其多？

毁掉你生活的，不是手机和美食，而是你的不自律。这就是为什么有人会说，连体重都不能控制，怎么控制人生？

自律是你可以控制自己的思想、行为，而让自己按照既定方案行动的能力。这种能力正是现在很多人所欠缺的。

如果你做不到自律，你可能在很多问题上会出错，你可能会原谅自己散漫的工作状态，会对自己制定的提升计划熟视无睹。

还记得读书那会，经常会有人在课桌上面刻着一个“早”字吗？

那是因为我们都学过一篇关于鲁迅先生的文章。鲁迅 13 岁时，他的祖父因科场案被逮捕入狱，父亲长期患病，家里越来越穷，他经常到当铺卖掉家里值钱的东西，然后再在药店给父亲买药。

有一次，父亲病重，鲁迅一大早就去当铺和药店，回来时老师已经开始上课了。老师看到他迟到了，就生气地说：“十几岁的学生，还睡懒觉，上课迟到，下次再迟到就别来了。”

鲁迅听了，点点头，没有为自己作任何辩解，低着头默默地回到自己的座位上。

第二天，他早早来到学校，在书桌右上角用刀刻了一个“早”字，心里暗暗地许下诺言：以后一定要早起，不能再迟到了。

鲁迅说了，也做到了。一个自律的人，必将会走上一个高阶层的人生。

03 成功，是自律和坚持的结果

如果你只有计划和目标是远远不够的，不行动一切都是胡扯。我比较讨厌经常抱怨的人，抱怨不但不能改变什么，反而会让你更加消极。

有些人一边抱怨着工资不高、房价太贵、生活不易，却不反省自己能为公司带来多大的收益，自身有多大的价值。上班无精打采，做事拖拖拉拉，整天抱怨，你说你凭什么拿高工资?

“可怜之人必有可恨之处”，这句话用在那些整天喊着怀才不遇的人身上很适用。自己不去努力改变，别人能帮得了你一时，却不可能帮助你一辈子。

一个叫黄凯莉的女孩在 TED 上有一段演讲，分享了她的 30 天计划，30 天的坚持改变了她的一生，这段视频值得我们静下心来好好地看看。

我知道很多人看完会感到热血沸腾，然后就没有下文了，真心希望你不是这样的人。

华人首富李嘉诚从少年时期就坚持读书，一直到如今近 90 岁的高龄，仍旧保持着这样的习惯。这种坚持和自律，试问有几个人可以做到?

有时候，别把那些大佬想得有多厉害，他们也是有血有肉的普通人，只不过他们比一般的普通人更加自律，更加坚持，而成功只是顺其自然的结果罢了。

试着给自己制定一个计划，然后坚持去做一个月、两个月，到时候看看你能收获多少。

作息：想要自律，就从早睡早起开始

不自律，毁半生。很多人对不自律的自己很懊恼，也很无奈。

优秀与平庸之间的差距，往往就是一个自律的距离。而真正能做到自律，确实是很困难的一件事。

有人说，感觉自己就像一块怎么整都不会成形的废铁，明明知道想要成形就得多锤炼几下，但还是宁愿躺在那一动不动地生锈。

不甘心放任自流，也不想经历千锤百炼。大多数人都是这样的，道理都懂，但就是行动不了，而迟迟不行动往往是不知道从何处开始。

想要做到自律，我们就先从戒掉熬夜开始吧！

01 戒掉毫无价值的熬夜

现在的人基本上都有一个通病：熬夜。灯熄了，手机还亮着，电脑还开着。

我曾经是一个“资深”的夜猫子，连续一年多都是凌晨一点以后才睡觉。作为一个文字工作者，我喜欢深夜独自坐在电脑面前，敲打着键盘，思绪万千的那种感觉。但必须承认，有时候这种工作效率是挺低的，多少次实在困了就趴在桌上睡着了。

熬夜的原因分为两种：一种是工作，一种是非工作。

有些人熬夜，是因为工作的需要。我认识很多文案策划，领导一句话，一个想法，就得乖乖去执行，写活动方案、做预算，忙到夜深人静，是工作常态；互联网时代，凡事都讲究快，如果晚上十点多就呼呼大睡，第二天一醒，可能整个世界都变了；很多明星喜欢在深夜放“炸弹”，你第二天睁开惺忪的睡眼，看到各种爆炸性的文章，这背后有着一大帮编辑在熬夜奋战。如果你确实因为工作才熬夜，请你一定要注意保重身体，坚持不住了就赶紧休息。

除了因工作而熬夜的人，大多数人熬夜其实就是纯粹的睡不着、不想睡，习惯了这样的状态。不管有事没事，都要到一两点才睡。即使身体很困，眼睛已经要眯上了，但就是不想睡，强打起精神玩着手机。

我们需要戒掉的，正是这种毫无价值的熬夜。

坏习惯一旦养成，就如同中毒一般。而如果想要自律的人生，就必须先把这关给过了。

过程很难，但必须要去做，没有退路。

02 坚持早起，为期 21 天

晚上睡不着，早上起不来，大多数熬夜者每天都在经历这样的挣扎。

闹钟要设置几次，叫醒的音乐还要很魔性。即使如此，起床之后的时间，也只够匆忙的洗漱，然后迅速地赶去上班。至于昨晚暗暗下定决心要去执行的宏伟计划，早上起来锻炼半小时，阅读半小时，在现实面前都是空话。

晚上熬夜，第二天早上匆忙起床赶去上班，一整天的工作状态都不会太好。整个人很萎靡，提不起劲儿，做起事情来也不够专注。

你可能会反驳道：“我感觉还好啊。”那是因为你没试过更好的状态，工作效率更高，注意力更加专注，身体更加轻盈。

人不是机器，只有保证了充足的休息，才会有精力去做更多的事，做事的效率也会更高。

从今天开始，试着在晚上十点半之前就躺到床上，将所有的电子产品搁置在远离睡觉的房间。这种过程肯定是煎熬的，如同戒毒般蚀骨难耐，但这种痛苦是值得去承受的。

所谓的自律，就是自我完善，这必然是要经历痛苦和挣扎的。但正如同生死的本质，不好的习惯死去，好的习惯才会新生。这就是一个人脱胎换骨的过程。

相信我，坚持一个月试试，正常情况下 21 天就可以养成一个习惯了。

对你来说，这样的尝试一点坏处都没有，你会慢慢爱上第二天精力充沛的自己。

熬夜是低效的根源，只有不熬夜，第二天才有早起的可能，也才会有实施一系列计划的可能。

所以，想要自律，就先从戒掉熬夜、坚持早起开始，试着去锻炼身体，晨起阅读，这才是正确的生活方式。

充电：节省，并不一定就是好习惯

有一次周末，我买了点水果去看望年迈的外婆，老人家的精神还不错。我把新买的一串香蕉搁在茶几上，准备将几个已经满是黑斑，快要烂掉的香蕉扔掉。外婆见状，大喝了一声，让我放下。然后走过来，将我手中的烂香蕉拿过去，掰了一根，就吃了起来。

我说："这都要烂了，不要吃了。"

老人家白了我一眼："你们现在就是浪费习惯了，这怎么不能吃了？以前我们没东西吃，树根都吃过几斤，身体不也好好的？"

我实在拗不过，只好随她。他们那一代人，包括我们的父辈，都是从节省中走过来的。不管有钱没钱，大多数人都过着节省的日子。

天气热，仍是有不少家庭为了省电费而不开空调，我外婆家楼下的老李就是这样。空调也装了，但几乎都没开过，成了摆设，这万一要是热出个毛病出来，往医院一跑，不把一年的电费都吐出来才怪。

省钱的思维其实挺不划算的，钱真不是省出来的。

01　总想着省钱，反倒挣不到钱

我经常光顾一家小吃店，因为价格不贵，口味也不错，所以来光顾的人比较多，每次都见老板一个人在那儿忙里忙外。

我和他说：“你为什么不请一个帮工呢？”他说：“我一个月就只能挣几千块，再雇一个人，怎么也要花两三千块吧，那我一个月还能挣多少钱啊？”

我和他算了一笔账：“你多雇个人是要花两三千元，但他如果熟悉工作之后，你们这店里的销量起码能增长30%，说到底你还是赚钱的，而且还有个人可以帮衬下，何乐而不为？”

后来他听了我的建议，招了一个能说会道的女人。

有一次中午，我去他店里吃东西，看见三个小伙子进了店里一看没地方坐，就准备离开。这时候，这位女店员快步地冲上去招呼他们，表示店里口味不错，所以值得来尝尝，很多人马上就要吃完了，等几分钟就会有空位子了。说完，随手从旁边的冷柜里拿出三瓶可乐给这几个小伙子。结果很明显，人家都这么说了，又给你塞饮料，你还好意思走吗？

后来店主笑眯眯地拉着我说："听了你的话招个人，还真是那么回事，这大姐挺会做生意的，我上个月又给她涨了500块钱的工资，现在又招了个大姐帮我。"

我调侃道："那你就不怕挣的钱都发工资了吗？"

他笑着说："我现在比以前能多赚一倍，人多起来，服务质量上来了，销量也跟着多了，等明年看看能不能把旁边那家店给租下来，或者找个大点的地方。"

有些钱是不能省的，有时候你越是省钱，越容易失去能挣更多钱的机会。

一个生意人，要有大的眼光和格局，必须拥有富人的思维。不要过于在乎花出去多少钱，你要关心的是花出去这么多钱，能不能带来更多的收益。

同样，一个职场人也是如此，不要吝啬请客户吃顿饭，出差的时候顺便买个小礼物或特产带给客户，这比你朋友圈广告的效果好多了。

人都是感性的，你对人家上心，人家心里都有数。

02 再穷，也要舍得投资自己

不管是从事什么职业，有一笔钱是绝对不能省的，那就是投资自己。即使你再穷，也要预留一笔这样的费用，除非你真到了砸锅卖铁要出去讨饭的地步。

投资自己什么呢?

学识和能力

再穷，也要有阅读的计划。买书真的花不了你多少钱，一本书正常售价是40元左右，还是正版的。如果你能从书中学到一点有用的东西，得到的价值绝对是买书价钱的千倍以上。即使你暂时没有改变，但一个经常看书的人，气质、谈吐这些是在慢慢改变的。所以，请养成坚持阅读的习惯。

形象和穿着

再穷，也要有一两套得体的衣服。在这个看脸的社会，一身好的行头能够给你带来更多的机会，给他人留下更好的印象。不要去批判别人以貌取人，大家都很忙，这也许是判断一个人最简单的方式了，所以请接受。

阅历和眼界

再穷，也要出去走一走，看一看，哪怕是去所在城市里其他角落，或是去某个一直想去的咖啡厅坐一坐，这笔钱花了，花的时候是心疼的，但回忆起来是甜的。奋斗中的人压力都很大，很多人长期处于亚健康的状态，出去走走，思维会更开阔，眼界会更宽，身心会更健康。

去咖啡厅里坐坐，你可能听到邻桌人谈的一个项目和话题，给你带来了事业上的灵感，这一切都是有可能的。别总是宅在家里，不是睡觉就是追剧，这世界上有很多地方值得去看一看。

钱从来都不是省出来的，钱是挣出来的。所以，该省的时候要省，不能省的钱一分都不要省。

穷人思维，只会越省越穷，谨记!

做事：把自己干的事当回事

我时常看《我是演说家》这档节目，里面确实有不少有故事的人和有趣的思想。

在这个舞台上，曾经来过一名快递员，他叫窦立国。他用五年的时间挣到了200多万元，甚至有时候一个月能挣20多万元。马云的阿里巴巴在美国纽约上市，带了八个人敲钟，其中就有一个是他。一个从山村里走出来，没有太多文化的快递小哥如何能成为马云的座上宾，又凭什么可以在短短几年间挣200多万元？

01　拿自己干的事，当回事的人

鲁豫说："我特别喜欢拿自己干的事儿当回事的人。"

1996年，窦立国来到北京，成为一名北漂，住在地下室，在一家酒楼里当保安，给人开开门，扶人下车。

一个大雨天，很多来吃饭的客人都没有带伞，窦立国便拿着一把伞不停地往返于大雨中接送客人。很快，他的衣服全湿透了，但他的表现被酒楼的经理看在了眼里。当天下午，经理叫他过去，问他有没有什么想法。

学厨师一直是窦立国的梦想，他说："我想学厨师。"

经理说："对，这人啊，就得有一个手艺，明天你就去后厨。"

就这样，窦立国从保安变成了厨师。

2008年，窦立国进了快递公司，成了一名快递员。当时快递行业并不景气，根本收不到件，也就没钱赚。一天挣几十块钱，还备受歧视，小区不让进，写字楼不可以坐电梯，当时很多人都受不了这样的委屈。

愚者等待机会，强者把握机会，智者创造机会。窦立国印了1万份名片和小广告，每天早上八点半，就到负责的那几个片区里，逢人便发名片。

就这样发了两个月，接的单子终于多了起来，每天取件比以前多了好几倍。正是靠着这一点一滴的积累，窦立国在五年时间里挣了200多万元。

有人说他运气真好，电商平台的强势崛起，带动了整个物流快递行业，但这份运气来源于他的坚持、勤奋、努力。

2013 年，窦立国发现自己虽然月入三四万元，但感觉没有上升的空间，于是便给老板写了一封信，毛遂自荐，能不能让他管理一个分公司。为了让老板相信自己的能力，窦立国就和老板讲起了自己是如何发名片，如何想尽办法来提高业绩的一些事，最终老板说："那就给你一个分公司管理看看。"

结果，在他的接手管理下，这个分公司从全公司的倒数第二名变成了正数第一名，成了公司的金字招牌、年度冠军。

不管是当保安，还是快递员，这些最基层的工作，窦立国并没有同很多人一样敷衍了事，而是真正把自己干的工作当回事，认真对待。

窦立国虽然没什么文化，但却是一个智者，他懂得如何去创造机会。

02　细节决定成败，用心挣钱

刘嘉玲在现场评价窦立国，成功最主要的还是要注重细节。

窦立国刚到后厨那会，为了让师傅喜欢他，每天早上五点多就起床，然后去帮餐厅的人卖早点，因为这样就可以拿到油条给师傅吃。等到师傅上班的时候，油条、豆浆、包子都已经在那放好了。

在初当快递员，发名片给路人的时候，很多人满脸冷漠，甚至会对他表现得很不友好。往往他发完名片原路返回的时候，就会看到地上有很多自己的名片，他就一张一张捡起来，第二天再发。后来，他在名片上加印了一些订餐、订水的信息，为顾客提供了一些周边的信息服务。

窦立国还自制了脚蹬三轮快递车，在车身上贴上醒目的广告，让自己的三轮车成了一个移动的广告牌。

遇到困难和挫折，他同很多人不一样的是：他不会选择逃避，而是想办法解决问题。

窦立国与其他快递员还有一点不同的是：别人将快递送到了就结束了，但他会和客户聊会天，了解客户的喜好。

有一位老客户快退休的时候，窦立国给他送了一束鲜花，让这位老主顾很是感动。

窦立国会经常给自己负责的片区内寄件较多的客户们送点小礼物。

北京很大、很堵，在地图软件没有出来之前，窦立国为了提高送件寄件的效率，手绘了不少出行的路线图，在什么时间段哪条路不那么堵，有哪些小路可以走，在图上都标记得很清楚。

细节决定成败，任何一件小事，做到极致，都能成一件大事。

窦立国成了快递行业中的佼佼者，因此马云的阿里巴巴上市时，邀请了窦立国作为快递行业代表前去美国纽约敲钟。

窦立国在演讲中说："很多人没有把小事放在眼里，所以就丢了大事。虽然我们起点没有别人那么高，但只要我们做一个有心人，眼里边有活，手多动一点，脑子多想一点，我们一定可以实现自己的梦想。"

为什么今天很多的大学生喊着工作难找，上班族埋怨自己工资不高？其实根本原因在于他们自己：

有没有把自己干的这份工作当回事；有没有安于现状，浑浑噩噩混日子；有没有主动做一点什么，让自己成为公司离不开的人；有没有做好细节……

这是一个很好的时代，只要你用心，坚持做下去，就有可能收获丰厚的回报。

但很多人好高骛远，将目标定得很高，却不付出与梦想相匹配的努力。

一个人，无论起点高低，都有可能获得成功，同一件事，不同的人去做，差距很大，这样的差距根源就是你是否用心。

只要用心做人做事，就能收获好的结果。

做人：做一个靠谱的人

靠谱是比聪明更重要的品质。

一个客户明明说好会合作的，就差签合同了，小王已经报备公司，在领导面前打了包票，可现在客户突然变卦，不打算合作了。

这是我的一位读者曾遇到的问题，我印象很深。他给我留言说了这件事，抱怨这个客户太不靠谱了，问我该怎么和领导讲。

我问他："你知道客户方突然不合作的原因是什么吗？"

他说："我不知道啊，太突然了。"

我建议他，明天在向领导汇报之前，先去和客户方见一面，把问题搞清楚了，再做最后的争取。别汇报的时候，领导一问三不知，只知对方不合作，却不知道原因，这样连下一步工作都难以开展。

如果工作中出现问题，自己不事先做足功课，就这么冒失地去向领导汇报情况，领导就会觉得你这个人也不靠谱，甚至会觉得客户爽约是因你而引起的。

不管是工作还是生活，我们总会遇到一些突发情况，也很讨厌不靠谱的人和事，但有时候我们自己也时常在扮演着“不靠谱”的角色。比如和朋友吃饭，如果一两次迟到可以理解，但经常迟到就是一种不靠谱的表现。

一位好友曾经说：“我希望别人谈论起我这个人时，觉得我是一个靠谱、值得信赖的人，我就很知足了。”

说真的，靠谱是对一个人很高的评价了。

01 优秀的人，办事都很靠谱

乔布斯说：“优秀的员工只要你告诉他要做什么事，想要什么效果，他就会想办法搞定。越是出色的人越善于在缺乏条件的状态下把事情做好，越是平庸的人越喜欢找借口。”

言外之意就是，这家伙很靠谱，事情交给他就不用操心了。

当在职场上的时间久了，见到的人多了，慢慢地就会发现确实是这么回事：那些优秀的人，办事都很靠谱。

在我做文案工作的时候接触过一个人，他就是如此。

他是他们团队的领头人，虽然性格木讷，但做事很靠谱。我让他帮忙策划一次活动，只要和他讲下要求，他就能办得妥妥帖帖。在这期间，我完全不用劳精费神地去跟进，因为每到一个阶段，他都会主动向我汇报，然后将已经完成的部分发给我，再面对面沟通。

认识了一年多，与他同种性质的团队有三四个，但我们每次有需要总会第一时间想到他们团队，因为让人省心，办事也漂亮。

后来他离职了，去了另外一个城市发展，我们同他们团队继续合作，本以为一个人的离去不会让团队有太大变化。但结果完全出乎意料，与我们新对接的这个人很机灵，在活动开始前，拍着胸脯保证说肯定能到场一百人，结果只来了五六十个人，现场一半的位置都空着，显得空荡荡的。为此，我们临时找了一些人过来救急，但仍没有达到预期的要求，局面一度很被动。

后来，又陆续合作了几次，但每次都是状况百出，最后就彻底不合作了。

如果你一次次将事情搞砸，别人就会对你失去信任，认为你不靠谱，办事能力不行，慢慢地就会将你淘汰出局。

职场上那些一直往上走的人，都是能做事的人，也许这个人会溜须拍马，但他一定也能做事。

聪明的人太多，靠谱的人太少，抖机灵只是成功的障眼法，真正靠谱的人生是自己做事很靠谱。

02　如何成为一个靠谱的人

现在人与人之间的信任度较低，即使你长相老成稳重，但让人觉得你靠谱也并不容易。

正因为如此，做一个靠谱的人才更必要，值得我们去为之努力。那么如何成为一个靠谱的人呢?

说到就要做到

许下的承诺，就一定要兑现，毕竟诚信是我们现在这个社会很缺乏的东西。

你答应了别人今天要完成某件事，今天无论如何都要做到，哪怕是熬到深夜。

说几点集合就几点，宁愿早到几分钟等别人，也不要让别人花时间等你。

这并不是小事，而是态度问题。一个不靠谱的人，信用度就是在一件件小事中慢慢降低的。如果实在做不到的话，要及时给对方一个回复以及合理的解释。

做就全力以赴做好

说到做到只是成为一个靠谱者最基础的素养，而将事情做得漂亮更为重要。如果你将事情做得状况百出，结果不尽人意，那么还不如不做。既然做了就要做到尽善尽美。

这是一个良性循环的过程。将事情做好需要较强的工作能力，你肯为做好一件事去花时间学习和提升。长期坚持下来，不仅做的事情会越来越漂亮，而且个人能力也会越来越强。

嘴上没毛，办事不牢，那些成熟老练的人都是从青涩的岁月里打磨出来的。

一个人办的事情有多漂亮，说明他就有多努力，没有人天生就会做人做事，都是一个脚印一个脚印踩过来的。

想要成为一个让别人觉得靠谱、肯信任的人很难，因为这不仅需要行动，更需要长期坚持好的习惯。不管是工作还是生活，做一个靠谱的人，从现在就开始!

态度：坚持比什么都重要

这世界上有很多困难的事情，比如登上珠穆朗玛峰、穿越撒哈拉大沙漠等，这些事情虽然听上去很难，但只要努力一下，还是可以做到的。

那么这世界上最难的事情是什么？是坚持。

我曾在一个学习平台上创建了打卡的社群，帮助读者克服不自律的习惯。只要有人连续打卡满30天，我就会送出一些礼物作为奖励。

刚开始大家很有兴致，在社群里将自己的计划列出来：每天跑步，每个月阅读一本书，每天学一小时的英语……有的人还为计划配上照片，和发朋友圈一样正式。

类似于这样的个人提升计划很多，看上去充满正能量，但不到十天，来社群里坚持打卡的人就没有以往那么多了，反馈的信息也少了。又过了一阵子，有人直接就没了踪影。有一位读者给我留下了很深的印象，他第一天写了好几个计划，扬言一定要坚持下去，但在最终的排名里，他是最靠后的，只坚持了三天。

在自我提升方面，坚持将一件事按计划做下去，真的超级难，所以才会有那么多人感到迷茫，人生平庸。计划列得再好，不能坚持执行下去，也是枉然。

逆商高的人，往往在困难的事情面前有更强的忍耐力，能够坚持做下去。

01 在困难面前，再坚持一会儿

王健林曾做客央视节目《开讲啦》，与观众分享他的故事。

1970年，当时十五六岁的王健林成了一名新兵。刚到部队，就遇上野营训练，负重二十多斤，两千多华里的路程。路途遥远，如果走不下去了，可以坐后面的收容车。但这也意味着你是一个逃兵，评选“五好战士”的机会也就没有了，想起了母亲临行前交代自己的话，一定要当“五好战士”，他坚持走完了全程。

这条路到底有多难走？王健林说，一千多个人的团队，最后完整走下来的不到一百人，他亲眼看到一个干部在那哭，嘴里喊着，我说什么也不走了，党员不要了，排干部也不要了……很多人都是如此，坚持不下去，因为太难了。

但是当时才十几岁的他坚持了下来，这种在逆境之中坚韧不拔的性格也在他后来带领万达时起到了决定性的作用。

当时一家银行承诺给他贷款2000万元，却迟迟不放款。王健林自己曾前前后后跑了五十几次，下面的人更是将门槛都踏破了，对方就是视而不见。

王健林说："我当时亲自去堵他，但他不愿见我。我知道他几点上班，就在门口等他。有一次在他办公室门口等他，他明明在里边，秘书却说不在，我甚至晚上在他家门口候着，他第二天早上起来往窗口一看，看到我在楼下，他宁可不上班也不见我。"

最后，王健林还是没有贷到这笔款。

王健林说："当时我就给自己定了一个目标，我一定要把企业做大，做到世界级。"

如果是你，你会前前后后跑五十几次去求人放款吗？

很多人是做不到的，这也是为什么这么多中国人就出了那么几个顶尖人物的原因。不光是王健林，马云、俞敏洪、史玉柱等一帮大佬身上都有这样的一股精神，在困难面前会坚持不懈地走下去。

02 努力是重要，坚持努力才最重要

对一件事的坚持程度，往往能看出一个人的自律性有多高。那些成功的人，都很自律。

通过减肥这件事就能衡量一个人的自律性和逆商指数。

为什么很多人觉得减肥瘦身很难？减肥无非是管住嘴、迈开腿，看上去并没有什么难度，真正难的是你要长期如此。一次两次每个人都可以做到，一直坚持下去，这才是减肥最难的地方，也是绝大多数人做不到的原因。

我有时候晚上会和一个朋友去家附近的大学操场上跑步，只要天气好，来这里跑步的人就会有很多。不管是年轻人还是中年人，甚至有些超重的孩子，都会在这里跑步。有一个很有趣的现象，我们每次去的时候很少会遇到经常来此跑步锻炼的人。多数时候，都是一张张完全陌生的脸。

再来说说和我一起跑步的这位朋友。他是程序员，每天坐在电脑面前噼里啪啦地写程序，肚腩一圈加一圈，不到三十岁就已经从刚出校门的竹竿体型变成了如今的“土肥圆”，所以他决定要减肥。

他曾信誓旦旦地说：“只要不下雨，我要每天都来跑步，每顿

饭少吃一点，两个月坚持不抽烟、不喝酒。”

过了一阵子，我们又相约跑步。

我说：“你这辈子都减不了那肚腩了。”

他问：“为什么？”

我和他算了下：“这个月跑步没有十天吧，出去喝酒已经有三次了吧，我们俩都喝过两次了，你说这样子怎么减得下来？”

朋友每次来跑步，总是不低于十圈，一直到大汗淋漓，才气喘吁吁地离开。不可谓不努力，但有时候光努力没用，坚持努力才是最重要的。

如果你有爱好的话，希望你坚持下去，比如画画、看书、写作、练书法、听音乐……只要是你觉得能够让你的心变得平和，能够让你放松，暂时忘记痛苦的事，建议你一定要坚持下去。

有爱好并长期坚持下去的人，在困难面前的心理承受能力会比别人强一点，遇到挫折时，也能够尽快从阴霾中走出来，重新振作起来向前走。

其实很多的道理，大家听了之后基本上都懂，也都能做出不错的规划，制定出一系列的目标和实施方案，这些都不算太难。最难的就是坚持执行下去，能做到这点就会成为跑在前面的人，做不到就会被别人甩在身后。

人生就像一场马拉松，你跑得快不管用，能坚持跑到终点的人才是赢家。

ADVERSITY

QUOTIENT

第六章

对自己狠一点，离成功近一点

有时候我们知道自己有很多不好的习惯，但是为什么我们不去改变？因为我们太舒服了，我们懒得去改变。改变虽痛苦，但不改变会更加痛苦。温室中的花朵难以扛住风吹雨打，但风雨总会不期而遇。蜕变的过程虽然很痛苦，但每一次的蜕变都会有惊喜。

逆商高，才能走得更远

巴尔扎克说："苦难对于天才来说是一块垫脚石，对于能干的人是一笔财富，对于弱者就是万丈深渊。"

情商可以助力一个人达到一定的高度，但如果想要走得更远，就必须要有比情商更重要的东西，那就是逆商。

所谓逆商，就是指你应对困难的态度，和在遇到挫折时所采取的行动。

人无千日好，花无百日红。人生潮起潮落，暂时的成功并不能保证一辈子都能在这样的高度。

迷茫焦虑的人都有一些通病，缺乏勇气、信心和抗打击能力。他不知道自己要干什么，能干什么，即使有人为他指明方向，他也不敢接受挑战，继续将自己囿于漩涡中，无法自拔。

逆商不够高的人，往往容易在困难面前不堪一击，人生急转直下，很难再抬头。

只有那些逆商高的人，才能走得更远，取得更高的成就。

01　永远别向命运低头

人生实苦，不管你是什么出身，你正经历着怎样的磨难，请你永远别放弃希望，别向命运低头。

汉朝时期，有一个孩子，出身卑微，家里世代务农，但他并不甘心一辈子如父辈们这样活着，他相信知识能够改变命运。

这个孩子白天不得不给人家做帮工以维持生计，只有晚上才有时间学习。但是无奈家里穷，买不起蜡烛，那时候天一黑就几乎什么也看不见了，面对晚上一点一滴流逝的时间，他心急如焚，该怎么办呢?

他首先想到了富有的邻居，他们家一到晚上都将几间屋子的蜡烛点上，灯火通明。于是，他鼓起勇气对邻居说："我晚上很想读会儿书，但实在买不起蜡烛，我能借你家一寸之地看会儿书吗？"

邻居本来就瞧不起他这样的穷人，就挖苦道："就你还看什么书啊？既然穷得连蜡烛都买不起，就不要看书了，洗洗睡吧！"他听完之后，又羞又气，但是他并没有就此放弃，他在心里暗暗发誓：一定要读书，出人头地。

他回到家里，就悄悄地在墙上凿了一个小洞，每天借着这小洞口射进来的微弱灯光，将家里所有的书都看完了。读的书越多，他就越觉得自己学识浅薄，想看更多的书。

这时候，他又想到了另一个大户人家，听说他们家有很多的书。他再一次鼓起勇气，敲开了这户人家的大门。他对这户人家的主人说："请您收留我，我可以帮您干很多的活，我不要报酬，只要您允许我可以看您家里的书就行了。"

这位主人被他的精神所感动，答应了他的请求，从此他每天干完活就如饥似渴地看起书来，很珍惜来之不易的机会。

这位穷小子就是匡衡，后来他成了当朝的丞相，也是当时有名的学者大儒。

如果匡衡从一开始就甘于接受平庸的人生，如果当初被看不起他的邻居嘲讽一番就放弃了继续读书的念头，那么他的人生就不会有后来的逆袭。

新东方的创始人俞敏洪也是一个鲜活的例子，他家在农村，父母是地地道道的农民，他经历了 3 次高考才考上北大。如果没有这份坚持，中国就少了一位魅力十足的留学教父，更不会有新东方的诞生。

永远别轻言放弃，你若是在困难面前低头认怂了，那么现实只会越发凶狠地对待你，将你按在身下暴揍。

02 胜不骄，败不馁

古今中外，那些取得高成就的人，曾经都不止一次地跌落到人生谷底，但他们总能触底反弹，爆发出巨大的抗打击能力，越挫越勇，靠的就是高于常人的逆商。

日本著名的企业家松下幸之助曾说过这样一番话："人的一生，总是难免有沉浮，不会永远如旭日东升，也不会永远痛苦潦倒。反复地一浮一沉，对于一个人来说，正是磨炼。因此，浮在上面的，不必骄傲；沉在底下的，更用不着悲观。"

松下幸之助原本出生在一个中产阶级家庭，是家里八个孩子中最小的一个。由于父亲从事商品投机交易赔了钱，家道中落。九岁那年，他被送到一家自行车商店当学徒，后来碾转到大阪电灯公司打工，还被提升为检查员。后来辞职创业的原因是老板不愿意采纳他提出的生产一种新型电灯插座的建议，他就决定自己单干。没有多少启动资金，他和妻子典当了不少个人物品，终于在四个月后研制出了几款新品，但鲜有人问津。

迫于生计，他们在一个批发商的建议下先解决生活，然后再追逐梦想。于是，他们接了一笔底座的订单，没有太大的技术含量，属于密集型劳动。他和妻子每天工作 18 个小时，一个星期就将单子完成了，客户很满意，继续与他合作。生活有了保障，松下团队潜心钻研，每个月都能推出一到两种新产品，但仍没有多少人关注。但他并没有放弃，终于设计出一款产品，一个能连续亮 50 个小时的自行车车灯，松下幸之助靠着它火了一把。

后来公司遇到了经济大萧条，很多企业关门，老百姓就减少了非必要物品的开支，松下公司仓库里的产品积压严重。有人建议裁员，但松下却没有采纳，而是通过减少产量，将工人变成销售员的方式渡过了难关。

第二次世界大战之后，松下电器公司再度面临困境，因为在二战中，他们公司曾为军方建造军舰和飞机。盟国占领人员因为松下公司在战争中的表现，对其进行了许多条件极为苛刻的限制，松下幸之助本人几乎被撵出公司。但最终他还是重建了公司，成为享誉全球的经营之神。

正如他本人所说：“跌倒了站起来只能算是半个人，站起来继续往前走才是一个完整的人。”

分辨是否是一个真正的强者，不是看他在顺境时能走多远，而是看他面对逆境时还能走几步。面对困难时抗打击能力越强，越勇敢的人，才能真正适应这个社会和时代。

只有跌倒了再爬起，将苦难踩在脚下，昂首走过去，才能避免被现实淘汰。

走出舒适区，才有机会更优秀

曾经有一位读者给我发来邮件，他说：“我已经工作三年，过着一成不变的生活，每天两点一线式的上班、回家，工资不高，工作也没激情，看不到未来，心里很恐慌，不知道该怎么办。”

我回答他：“你需要对自己狠一点，走出目前的舒适区，就能看清路了。”

很多人之所以焦虑和恐慌，恰恰是因为目前的生活太舒适了。正是因为太过娇惯自己，所以才会有时间矫情，才会平庸，继而感到恐慌。

当实力无法满足欲望的时候，人就会陷入焦虑。

而往往这种焦虑会随着年龄的增长，身份的改变，现实的冲击，变得越来越严重。

01 畏难是人的天性

看过一则很有趣的报道。据某数据机构统计，计划攀爬珠穆朗玛峰的人有 70% 只能走到山脚下，拍张照片证明自己来过，然后离开；有 20% 的人只能爬到大概 4000 米的地方，然后在抱怨中选择中途放弃；只有 5% 的人最终能爬到珠穆朗玛峰的山顶。据说到最后还剩 100 米的时候，走一步需要花 20 分钟，是真正的寸步难行。

人都是有畏难情结的，在面临选择的时候，大多数人会选择困难较小的那个选项，理由很简单，那样会舒服一点，这是人的本性。望着茫茫的雪山之巅，心里明白前行的路有多难，所以才会有这么大比例的人只能走到山脚下。也正因如此，那些凭借着惊人的毅力和勇气登上珠峰的人，基本都是生活中的勇者，在事业上的成就也很高。

从登山这件事上，可以看出一个人在面对困难时所展现出来的逆商，还能看出一个人应对困境的勇气和决心。

万科之前的台柱子王石就是一个很好的例子。

王石早年被医生预言可能会坐轮椅度过下半生，但他却用了 3 年的时间，爬了 11 座雪山，两次登顶珠穆朗玛峰，并且创造了 6100 米中国滑翔伞最高纪录。

登珠穆朗玛峰到底有多难？

王石是中国登上珠穆朗玛峰年龄最大的纪录保持者，曾一度被质疑是被人抬上去的。他后来在一档节目里澄清了这个传闻，并很幽默地说：“别说把我抬上去了，在 8000 米的地方如果有人倒毙了，尸体都拽不下来。”

所以珠穆朗玛峰上才会有那么多尸体，人们不是不想运下去这些尸体，而是因为人在那么高的地方根本没力气动。

也许正是因为有着这些不同凡响的经历，经历过生死的考验，王石几经风雨，如今依然活得很洒脱。他常说：“我连珠穆朗玛峰都能征服，还有什么难关过不去？”

登上去与没登上去的人，在遇到困境时的心境是完全不一样的。畏难是人的天性，但厉害的人往往能够逼自己去经受困难的历练，从而让自己变得更加强大和成熟。

02　走出舒适区，才有机会更优秀

有记者采访球王贝利：“您的儿子以后是否也会同你一样，成为一代球王呢？”

贝利摇摇头，说道：“不会，因为他与我的生活环境不同。我童年时的生活很苦，但正是这种恶劣的环境磨炼了我的斗志，让我有条件成为球王，而他现在生活安逸，没有经受过困难的磨炼，不可能成为球王。”

温室中的花朵难以扛住风吹雨打，但风雨总会不期而遇。只有逼自己走出目前的舒适区，才能收获一份长久的舒适，一份更有保障的舒适。

有人会怀疑：“自己已经在舒适区里了，干吗还要走出去再进来，这不是多此一举吗？”

错了，你目前的舒适，其实是一种假象，并不是真的舒适，而是你在逃避现实罢了。一旦你的生活遭遇挫折，你整个人将会崩溃。

想要让自己变得更好，这个过程必然是不会舒服的，是充满挑战的。

曾经看过这样一则小故事。有一位教授带了几位研究生，经过几年的学习，这些研究生即将各奔东西，去闯荡社会。临别前，教授组织大家一起吃顿饭。席间，大家希望教授能够传授点在社会上打拼的经验。教授没有马上回答，而是转身从屋里取出了一张白纸，在上面画了一个圆圈，在这个圈子里画上了一个人，接着又画上了房子、汽车、人群……

教授说：“这是你们的舒适圈，这里的一切对于你们来说都很重要。房子、车子、家庭、朋友、工作等，当你们身处在这个圈子里，你们就会感到舒服，有安全感。”

教授看了看眼前这几张青春洋溢的脸，继续说道：“当你们走出这个圈子，就会感到害怕、慌乱，当然也会犯错误，但这些错误会让你们学到东西，会让你们成长，战胜恐惧会让你们更加坚强。”

教授拿起笔，在已有的圈子外围又画了一个大圈子，对这群年轻人说：“你们只有走出原来的舒适圈，多去未知的地方，见识才会越广，眼界也才会越宽。而随着你们的成长，这个曾经让自己不安的圈子，会逐步变成你们的主场，成为新的舒适区，你们也将成为更加优秀的人。”

走出舒适圈，你可以从坚持早起这件事开始。

坚持早起可不是一件容易的事，特别是冬天，谁不想在温暖的被窝里多赖会儿床？但这不会让你成长。

你可以选择早起去锻炼身体、阅读，给自己做一份早餐，这样的你在一天的工作中会更有活力和战斗力。

每个人都有自己的舒适圈，如果你希望自己的人生是向上的，是越来越舒服的，那么你就得先放弃现在的舒服，不然你的人生将会越来越举步维艰。

那些敢对自己下狠手的人，虽然目前是辛苦了点，但会越活越轻松。

学会将不适变得舒适，你就会看淡所遇到的困难，这样你不仅能搞定很多事情，也能搞定自己的人生。

人一闲，就废了

在网上看过这么一个段子：

一个小哥在上海有 30 套房，他全部租了出去，然后自己就住在一个平房里。他要求所有的租户必须押一付一，交租金的日期，他也给规定好了，从每月的 1 号到 30 号依次排下去。他每天的事情就是开着一辆帕萨特挨家挨户地去收房租，收到的钱当天就花掉，烧烤、洗澡、唱歌……钱花光了，然后第二天再去收下一家房租。

有一天，他又照常和朋友出去烧烤，抱怨道：“活得太累了，每天起早贪黑的，还没周六周日，一个月顶多只能休一天。”

朋友问他：“你为啥不集中一两天收所有房租呢？省得天天跑，再说现在网银支付很快，干吗非要跑上门？”

他看了朋友一眼，意味深长地说：“你不懂，我妈说了，人不能闲着，一闲下来就废了。”

虽然这是段子，不可当真，但最后这句话说得却很有道理：人不能闲着，一闲下来就废了。

01　人不能太闲，闲则废

人为什么不能闲着？

我讲讲身边一个朋友的故事。

她大学一毕业就进了一家上市公司的分公司，员工不多，只有三个人，等她进去后正好可以凑一桌打麻将。领导长期在总公司上班，半年左右才来一趟，请大家吃饭，这里俨然成了被总公司遗弃的地方，却成了员工们的天堂。

周末双休，上班没人管，工作没硬性要求，更没有业绩考核等等，每天上班就是追剧、睡觉、聊天、购物、刷微博……

用她的话讲，工作太闲了，每天不知道干什么，但工资照发，福利待遇也不错。所以四五年过去了，没有谁想过离开。

就在去年，朋友问我有没有合适的工作可以介绍给她。我惊愕地问她："你那么舒服的工作要辞掉吗？"

她发了一个苦笑的表情说："不是我要辞职，是总公司准备把我所在的分公司撤了，这边估计撑不到年底了。"

因为是老同学，关系也不错，我就帮她开始物色合适的工作，发了好几家公司的招聘过去，结果都不行。不是工作不好，而是她认为自己不能胜任。

这几年过得舒服又清闲，她几乎丧失了正常上班族的战斗力，工作能力还停留在刚毕业的阶段，可人已至中年，又加上有了家庭和孩子，学习的能力和时间都无法同年轻人相比。

她说："以前总觉得自己的工作不错，清闲又有固定工资，现在想想真是浪费了几年的大好时光，可惜这世界上没有后悔药吃。"

"业精于勤，荒于嬉"，老祖宗的一些话，我们读书时就在学，但只是会背，并没有落到实处。想让自己优秀就只有靠勤奋，清闲的日子只会让人荒废，最终被淘汰出局。

为什么毕业几年后，同学之间的差距会拉大？原因就在于大家在这几年之中的经历不同。

在生命的黄金岁月，让自己过得舒服的人，其实是在透支未来的自由；让自己折腾又奋进的人，日后的路将会越走越顺畅。

请相信这句话：未来想要有怎样的生活，取决于你今天是怎么过的，是闲着无所事事，还是在不断折腾？

02 爱折腾的人，更容易成功

为什么说，爱折腾的人比较容易成功呢？

因为这样的人有一颗不安于现状的心，有想改变目前现状的愿景，这一点很重要。

什么叫出路？出路就是走出去，多折腾折腾，活路就出来了；什么叫困难？困难就是总是将自己困在一个地方不动，那人生自然就难了。

我的一位发小和我关系很铁，如今见面我就叫他胡老板，他就是一个很能折腾的人。他高中时期学的是美术，后来考进了南京艺术学院，我常调侃他："赶紧给我画几幅画，等你出名了，那可就值钱了。"

他还真给我画了几幅画，因此我以为成为一个艺术家是他的梦想。

大四那年，他开始做起了培训，教孩子们画画。毕业后和两个舍友开了一间工作室，事业做得有声有色。一年后，他竟然抽出股份不干了，自己开了一家奶茶店，我一度骂他脑子坏了，放着成型的事业不做，一天到晚瞎折腾。如今三年过去了，他将奶茶店开了十多家分店，交给了一个总店长管理，自己则专心经营起了一家串串店。

喜欢折腾，是我给他贴上的标签。我发现身边很多朋友的经历和我看过的一些故事或案例，都在说明一个道理：越是喜欢折腾，不安于现状的人，会越来越自由，越来越成功。

马云当年是在大学里当英语老师的，稳定又体面的工作，但他还是放弃了，成立了海博翻译社，创办了中国黄页，虽然都没成功，但最后折腾出了阿里巴巴。

俞敏洪曾是北大的老师，据说快要评上教授了，但因为在校外办培训班赚课时费，被北大处分，后来他索性辞职，几经折腾，创立了新东方。

褚时健 74 岁的时候还在蹲监狱，他出狱后本该安度晚年，却选择和妻子上山种植橙子，由一代烟草大王变身成了中国橙王，如今年近 90 多依旧活跃在林海里。

脑筋不动会生锈，人不动会生病，人生也是如此，不折腾折腾，总是让自己闲着的话，往后的生活就会越来越艰难。

趁年轻，应该多奋斗、多折腾。别在最好的年纪，整天只知道抱着手机玩，这样下去失控的将是整个人生。

对自己越狠，获得的奖励越多

一位朋友很兴奋地给我讲述了她近一个月以来的经历。

她是一名幼儿培训机构的老师，8 月底领导通知她，9 月 24 号要准备一场话剧晚会，已经通知了学生家长们。不到一个月的时间，要将 60 位小朋友安排到 4 个节目里，并且保证每个孩子都有台词。这简直太难了，最难的是，她之前没有搞过这样的活动。

在接到任务的那一刹那，她脑子里想的是逃跑不干了，因为她觉得自己肯定做不好。但内心抗拒归抗拒，工作还是要做的，在磨磨蹭蹭了几天之后，她还是咬牙做了起来：写剧本、分配角色、排练、场景布置、走位、背景音乐、服装、灯光、道具制作、剪辑等。那段时间，她每天都是早晨七点起床，一直忙到夜里两三点，有时候中午饭都顾不上吃，停下来的时候，就会琢磨各种细节。

在临近演出的前一天，仍是问题不断，原先设想的无线话筒用不了，临时租了耳麦；5 个人带着 60 个孩子去现场排练，要看节目，要放音乐，孩子们又很调皮，搞得手忙脚乱，她特别担心演出当天也会这样一团乱。

好在最终的结局近乎完美，5 个人撑起了一场 500 人的晚会。家长们对于孩子的表现也很满意，朋友圈里好评不断，很多家长都在说："老师们不容易，辛苦了。"

她说："想都不敢想的任务，最后居然完成了，而且效果还不错；以前不会剪辑音乐，现在会了；整个团队的凝聚力和自信心也更强了。"

其实，很多时候我们总是低估了自己，对自己不够狠，从而错过了一个更加优秀的自己。

01　觉得自己不行，习惯性逃避

明明有事情要做却不想动，习惯性往后拖。你以为自己有拖延症，却不知道更深层次的原因可能是你心里畏惧做这件事。

一个性格内向、不爱说话的人，看到需要交际应酬的场合，就想赶紧离开，因为生怕自己出洋相；工作上，我们总是习惯性地将难度大的工作往后放一放，其实不是现在没时间做，而是太难了不想去做；领导安排了一项很困难的任务，我们总是习惯性地推脱，尽量逃掉这个差事。我们总是潜意识里认为自己不行，遇到困难时，首先想的是逃避。

我的一位朋友也有着与这位读者同样的经历。他刚进公司没多久，老板让他当月完成50万元的销售指标，这对于他们公司的销售老员工来说，也是个挑战，何况他还是个新员工。

朋友当时年轻，觉得老板看他不顺眼，故意刁难他。他想了几天后，只递交一纸辞呈就离开了那里。朋友当时的想法很简单：与其因为完成不了指标而被开除，还不如现在自己找个理由离开，体面地走。

一年后，朋友与之前的老同事聊天才知道，和他一起进公司的另一个男同事现在已经是主管了，带团队，月薪5万多元。他因为连续三个月完成了50万元的销售指标，被破格提拔。

我英语很差，上学时就很排斥学英语，成绩及格已经是我的超水平发挥。以至于我后来求职时，凡是和英语相关的工作，即使薪水再高，我也会自动放弃，因为我感觉自己做不好。

曾经和我一起求职的舍友，当时有份工作挺适合我们这个专业的，但我因为英语水平不高而放弃了，而他的英语同样很差，但他却选择去试一试。现在他的日子过得挺好的，中层干部，人脉也宽广，上班之余，还经营着一个奶茶店，生活得有滋有味。

有时候，我们就是太纵容自己了，遇到困难就放弃、逃避，从不逼自己去尝试一下，去拼一把。

02 逼自己一把，结果会让你惊讶

“不逼自己一把，就不知道自己有多优秀。”很多人都知道这句话，知道这个道理，但很少有人能做到。

做一件事，不可能毫无希望，也不可能一帆风顺，所以只要你做了，就会有一点希望。

在工作中，遇到困难就逃避，大不了不在这家机构干了，“此处不留爷，自有留爷处”。现在很多人上班都是这样的心态，工作随便应付，如果老板要求太过严格，追究起来就辞职，心想反正工资都是四五千块一个月，在哪儿干不是干，找一个舒舒服服的工作多好。

但是这位读者选择了做这件事。以前她不会音频剪辑，现在经过摸索已经会了；以前不知道怎么策划活动，现在心里有了大概流程；以前总认为自己才华不够，没想到自己原来也可以写出剧本……

多少次熬夜到两三点，想不出合适的背景音乐，场景布置总是不满意，不知道能不能做好，不知道结果会怎样。好在老天最终眷顾了她，她自己也说是运气好，但其实我们都知道，只是因为她对自己够狠，够努力罢了。

与曾经的那个她相比，现在的她破茧成蝶，无论是个人能力还是心理素质，都更加强大了。她很自信地说："经过这一次话剧演出，我觉得没有什么事是做不了的，只要肯做，总能做出一点成绩。"

"越努力，越幸运。"这是我很喜欢的一句话。

看到同龄人早早地成功，风生水起的时候，我们总是习惯性安慰自己："是别人太过幸运，入对了行，跟对了人。"

可悲的是，我们从不思考自己的运气为什么会一直差。难道没有原因吗？同样的机会，在你眼里只是一块高悬的蛋糕，在别人的眼里，似乎稍微踮脚就够到了。

为什么？因为他比你强，原因就这么简单。

逼自己一把，很多事并不需要多高的智商才能做好，仅仅需要你的一份坚持，一种认真的态度，一颗迎难而上的决心。

迈过一个坎儿就完成了一次升级，人生不就是在不断地升级打怪捡装备？装备越多，等级越高，能力越强，胜算越大。逼自己一把，对自己狠一点，别再逃避！

目标调高，别给人生设限

在同很多人的交流中，我发现了一个比较普遍的现象：在经历一次次挫折和失败后，很多人容易对自己的能力产生怀疑，对这个世界产生抱怨，进而自暴自弃，认为这辈子就只能这样了，将自己的人生标准一再降低。

逆商低的人通常都会有这样的心理，这种现象也很普遍。所以我们会时常听到这样的声音：“随便混混得了，这年头没钱、没人脉、没背景，再努力也没用。”

人之所以平庸，是因为他们给自己设定的高度就是如此。

有人曾经做过这样的实验：将一只跳蚤放进没有盖子的玻璃杯里，跳蚤一下子就跳了出来，一连重复了好几遍，都是如此。经过测试，跳蚤的弹跳高度可达到它身体的400倍左右。接下来，实验者再次把跳蚤放进玻璃杯里，不过这一次他在玻璃杯上加了一个玻璃盖，跳蚤又开始习惯性地跳了，但它起跳后重重地撞在了玻璃盖上，一度有些懵。随着一次次的撞击后，跳蚤变得聪明起来，它开始根据盖子的高度来调整自己起跳的高度。过了一阵子，跳蚤已经完全适应了这个高度，再也没有撞到玻璃盖。

一天之后，实验者将玻璃盖子轻轻拿走，跳蚤还是以碰不到盖子的高度在跳着；三天之后，实验者发现这只跳蚤还是在那里跳；一周之后，这只跳蚤依旧没有跳出玻璃杯，因为它已经没有能力再跳出来了。

很多人都在不知不觉中活成了这只跳蚤，在困难面前，一次次选择了妥协，选择了现世安稳。

01 不断调高目标

一个朋友说："刚毕业的时候，月薪 2000 元，当时觉得能够拿到 3000 元就好了；半年后，工资涨到了 2800 元，觉得能拿到 3500 元就好了；如今工资已经过万，目标也高了，觉得能拿到 3 万元就知足了。"

我对他说："你永远都不会知足的，当你拿到了 3 万元，你又想着要 5 万元。"

其实这才是打开人生最正确的方式，不断地调高目标，为实现新的目标而努力。如果你目前的状态不是如此，那么我告诉你，你这样会很危险，容易被后来者所取代，容易被这个社会所淘汰。

狼群在饥饿的时候会爆发出强大的战斗力。人也是如此，只有在有了目标后，才会激发出潜能。而人的潜能往往是很强大的，你永远不会想到自己可以有多优秀。当你做到了，回头看看，你会发现，正是这种不知足的心态，不断地调高目标，才有了你现在的高度。

所以，当看到这里时，你可以先把书合上，认真地想一想，你目前平庸的状态，是因为自己实力不济，运气不好，还是因为自己从来没有一个明确的目标，更没有为这个目标全力以赴地奋斗过？

有一句话是这样说的："你能成为什么样的人，前提是你想成为什么样的人。"也就是说，你如果能拿到月薪 3 万元，是因为你心里早有这样的梦想和目标，所以你才会比别人更加努力，付出更多，渴望提升自己。

所有的成功，无不是这样的过程。即使那些运气好到爆的中奖者，也是如此，他们在买彩票时心里都有着中奖的梦想，所以才会去购买。

所以，如果你现在还没有明确的目标，请你认真思考下，赶紧给自己制定一个目标。目标不宜太大，可以以阶段性目标为主，一步步来实现。

当你有了目标，就有了努力的方向，也有了奋斗的动力。

02 别给自己设限

在我读初中的时候，班级里有一个女同学，腿脚有点残疾，走起路来不太方便，但她学习很认真，成绩总是名列前茅，老师们都很喜欢她。

我们当时还挺同情她，这样一个腿脚不太方便的女生以后怎么办，学习成绩再好又能怎样?

但后来我们发现这样的担心是多余的，她高中毕业后考上了西安交通大学，后来又考研，毕业之后去了一个研究所工作，收入不菲。

现在看，当时班上的同学，她好像是活得最好的那类人，真正地完成了阶层的转变。从一个农村的跛脚小姑娘变成了科研人员。她老公是她的大学同学，现在在一所高校当老师，两人定居在大城市。

人生的每一次努力都是有用的，每走的一步路都是有意义的。

昨天是这样，今天是这样，明天还会是这样，从来都是如此。

过去的已经过去，你改变不了；未来还没有到来，你也无法把握。谁也不知道明天会发生什么，但努力的人，他的未来总是充满无限可能。

有限的目标只能带来有限的人生，不管你目前的处境如何，你有多么的不堪，都别给自己的未来设限，别给人生套上枷锁，你能达到的远方会超乎你的想象。

如何突破瓶颈期

你一定有过这样的感觉，工作到了一定程度以后，基本就停滞不前了。人生好像也是如此，除了日渐增长的皱纹和涨幅不大的工资，其他并无太大的改变，也看不到突破的可能。

这并不是什么岁月静好，而是你可能到了一个瓶颈期。

什么叫瓶颈期？科学的定义是：事物在变化发展过程中遇到了一些困难（障碍），进入了一个艰难时期。跨过它，就能更上一层楼；反之，可能会停滞不前。简单来说，就是你卡在目前的状态上了，向前走很难。

这种情况很常见，我们常说的中年危机其实就是这样的一种状态。高不成，低不就，赶不上跑在前面的人，后面的年轻人正在奋起直追，处境尴尬。

平庸与优秀，其实就是同处于瓶颈期时，看谁能尽快突破，挣脱枷锁；谁又在困难面前选择了妥协，放弃了拼搏。

一念之差，天上地下。一个高逆商的人，往往不会允许自己成为庸庸碌碌的后者。而身处漩涡中的人，也只有凭借强大的逆商，才能走出来。

那么如何突破目前的瓶颈期呢？你需要做好下面这两点。

01 调整好心态

你需要知道瓶颈和极限的区别，这是两个完全不同的概念。瓶颈是指目前卡住了，一旦突破后还有很大的上升空间；而极限同样也是卡住了，但特别难突破，上升的空间也很小，一点点进步都是记录。

比如一棵大树，集中力量在土里扎根，这段时间也许总是长不高，处于一个生长瓶颈期，一旦时机成熟，它就会快速地生长，枝繁叶茂，这就是突破了瓶颈。但是到了一定程度，就不会再长高了，已经到了极限。

人也有极限，比如三秒跑完百米，这就超越了人类的极限。

相信我，你目前遇到的绝不是极限问题。因为如果一个人的努力已经到了极限的程度，就不会迷茫和焦虑了。

冯仑被誉为地产界的思想家，他曾经说过这么一段话：“每个企业都是从小长到大的，别着急，而且创业大概有一年半到两年的时间是瓶颈期，特别难，然后突破瓶颈组织成长、组织膨胀、业务膨胀，接着可能会陷入经济危机，这时迅速调整，调整过来就好了，调整不过来就会死掉。所以我清楚，前两年要克服瓶颈，之后要控制组织，有了这样一套模式，以后我们就会心平气和了，知道一个企业要做大需要花费很多年的时间。”

道理都是相通的，每一个企业在发展中都会遇到一个瓶颈期，人也是这样。所以当你感到自己目前处于一个瓶颈期时，不要惊慌，更不要轻易地妥协，这是一个必经的阶段。

你先停下来看看走过的路，自己是如何一路走过来的。如果你是个毛头小子，你奋斗的人生才刚开始，过去的就让它过去，你目前的焦虑和迷茫不是因为到了瓶颈期，而是因为一无所有，你现在只管努力地向前走就可以了；如果你是工作了几年的人，就停下来看一看，目前有多少人在你身后，又有多少人在你前面？如果你现在处于中下游，说明是你做事的方法和态度一开始就不对，如果你现在处于靠前的位置，说明你之前的方法并没有太大的问题，主要问题出在心态上，调整好心态就可以了。

想要突破目前的困境，就一定要有积极良好的心态，要对自己充满信心，这很重要。

02 重拾态度，拓展能力

为什么很多人会长时间地处于瓶颈期不能突围出来呢？

因为现在的日子还过得去，虽然没大的发展，但也不至于流落街头，所以对上升的渴望不如一无所有时那么强烈。人都是有惰性的，假如生活条件很好了，就不会去想着奋斗了。

三国时的孙权，在称帝前是一个十分英明果敢的领袖。但是在称帝之后，整个人就变了，开始走下坡路，他就是一个典型的没有突破自我的人。究其原因，还是态度问题，想突破瓶颈，心态上要自信，态度上要积极，要重新拾起奋斗的欲望和激情。

接下来就是开始执行，优化方法。

其实很多企业发展几年停滞不前的原因，很有可能是产品老化、没有新品、人才固化，才沦为平庸。

而大多人遇到逆境，处于瓶颈期，都是一个原因：不够优秀，能力撑不起梦想。

如果你在事业上迟迟不能突破，很可能是你的能力已经停滞不前了，所以你的上升空间被锁死了，你的薪资当然也跟着被卡在那里。

这就是我为什么经常强调要在年轻的时候多努力，你只有学到的东西越多，个人的能力越强，才能从容地面对未来。

就比如我在写文章的时候，刚开始写一篇文章会很快，因为有很多的话要讲，有观点要说，但是每天都写，几个月之后，就会发现自己出稿件的速度慢了，找选题困难了。

为什么会这样？每天写文章，难道能力不是应该更强吗？答案是否定的，我虽然每天写文章，但没有去学习，脑子里的货就那么多，如果不重样，总有到尽头的时候，也就是江郎才尽，到了一个瓶颈期，这时候就要去看书、去学习、去旅行、去增长阅历和见识。只有脑子里的货再丰富起来，才能突破目前的瓶颈。循环往复，最终个人的能力会越来越强大。

有人说：“我年轻时努力都没有太大效果，如今人到三十岁，有了家庭才开始努力，有用吗？”

首先，你不努力的话，只会被前面的人甩得更远，身后的人纷纷赶超你，你就会越来越被动；其次，只要你真的努力了，就一定会比不努力时的自己好，既然比之前好了，就有突破的可能。

任何时候都别质疑努力，越努力的人才会越幸运。其实好运气只不过是失败者的借口、成功者的谦辞罢了。

保持微笑，是双商的最高境界

我时常在思考一个问题，人活着到底是为了什么？

明明可以随便混混日子，反正也不会被饿死，不会流落街头，为什么还要整天累成那样去奋斗，去拼命工作？

其实，人生本没有意义，你赋予它什么意义，它就有什么意义。

我经常提到的情商也好，逆商也罢，都是一种状态，无形无声。

提升为人处世的情商，提高面对困境时的逆商，最终目的无非是为了让自己的生活和状态越来越好。

我赋予自己人生的意义，正是如此，让生活越来越好，不负韶华。

01 再努力，也别忽视健康

我一直在讲人在年轻的时候要努力、要奋斗，因为你在这个能全力以赴的年纪拼一把，在以后的日子里就不需要活得那么用力，不用那么憋屈和无奈。

我曾经在文章里说过，我也怕猝死，这句话是真的。每当我刷新闻的时候，看到一些报道，说谁谁谁猝死了，我就担心自己会不会也这样，因为我的作息也不规律，经常熬夜抱着手机和电脑玩。

最近几个月的时间，我开始慢慢恢复了规律的作息时间，开始逼着自己跑步。因为我发现一个健康的身体之于工作的效率很重要，在逆境之中，所展现出来的韧性更足，专注力更高。

有些人缺乏锻炼，其实并不是真的忙到没时间，而是因为懒，懒得动。我在之前的文章里也提到过，能够坚持健身的人，逆商都比较高。因为坚持去健身，本来就是一件很难的事情。

不管是俞敏洪还是马云、柳传志，这些顶尖人物都在不同场合讲过：“一定要锻炼身体，只有一个好的身体，才能创造更大的价值。”

最重要的是，如果身体都没有了，努力的意义又在哪里？

02 学会原谅一些人和事

接触的人多了，经历的事多了，会逐渐有这样的感觉：原谅一些曾经让你不愉快的人，看淡一些不幸的事，不是为了体现自己有多高的境界和多好的风度，而是这样的状态对自己是最好的。

不学会原谅，就容易继续为自己增加烦恼。事情过去就过去了，生活已经很糟糕，没必要再往身后的泥泞地里跑。

其实这世界一直都是如此现实，当你弱小时，就会有人对你欺凌、嘲讽；当你强大时，你就拥有了话语权。

那些曾经让你心里不快的人，对你来说，也未尝不是一种小幸运。正因为有了他们的存在，你才更加成熟，从他们的身上，也能学到很多东西。

从多嘴多舌的人身上学会沉默，从脾气暴躁的人身上学会忍耐，从恶人身上学到善良……你能把这些看成是礼物，就说明你的逆商和情商确实很高。

03 学会放弃，摆脱羁绊

努力就是为了更好地活着，如果你目前的工作对你来说很痛苦，难以坚持下去，那么请你果断地放弃这份工作，重新寻找你想要的工作。

人的精力、时间都是有限的，如果你真的想取得成功，那么列出消耗你精力的事情，看看哪些可以改变，解决它；哪些无法改变，接受它。

逆商，虽然是指在面对挫折时的态度，但并不是说要一味地死撞南墙不回头，坚持值得坚持的事，如果正在干的这件事与你最终的目的南辕北辙，又有什么必要继续坚持下去呢？

04 保持微笑，好好活着

一个能够在与他意愿相背时还保持微笑的人，一定是胜利的候选者，因为普通人是做不到的。

我喜欢看周星驰的电影，因为那种处于逆境之中的幽默感总能吸引到我，即便是一地鸡毛，却还有心情逗乐。星爷的电影，是高规格的喜剧励志片，喜剧是其形，励志才是魂。他的电影里总是有一个被打到底层的小人物，有着令人绝望的人生，但又不甘如此，像打不死的小强一样，向命运挑战抗争着，一个个都是逆商指数极高的人物。

自传式电影《喜剧之王》里的尹天仇，一个有着演员梦的底层人物，虽然活得很苦，受尽冷落和嘲讽，但内心依然阳光，对新的一天保持微笑和期待，对爱情也是留有敬畏之心和责任感。

虽然你无法左右苦难，但你可以决定以什么样的心态迎接苦难。如果你总是愁眉苦脸，又如何能见到生活对你笑脸相迎？

对那些使你不开心的人和事予以宽容，微笑面对生活里的苦难，这是一种大智慧，也是最高级的逆商。